科 普 知 识 馆

# 发现宇宙黑洞之旅

潘秋生 编著

航 空 工 业 出 版 社

北 京

## 内容提要

黑洞是天体物理学中最令人兴奋的发现，它是存在于宇宙空间的密度无限大、体积无限小的天体，我们已知的物理定理在黑洞那里全部失效。

对于黑洞的了解完全依赖于它对其他事物的影响。借由物体被吸入之前的因高热而放出紫外线和X射线的“边缘讯息”，可以获取黑洞存在的讯息，也可由间接观测恒星或星际云气团绕行轨迹了解其位置以及质量。


**图书在版编目（CIP）数据**

发现宇宙黑洞之旅 / 潘秋生编著. -- 北京：航空工业出版社，2018.1（2022.4重印）

ISBN 978-7-5165-1414-6

Ⅰ.①发… Ⅱ.①潘… Ⅲ.①黑洞－普及读物 Ⅳ.①P145.8-49

中国版本图书馆CIP数据核字(2017)第307580号

发现宇宙黑洞之旅

Faxian Yuzhou Heidong zhi Lü

航空工业出版社出版发行

（北京市朝阳区京顺路 5 号曙光大厦 C 座四层　100028）

发行部电话：010-85672688　010-85672689

三河市新科印务公司印刷　　全国各地新华书店经售

2018 年 1 月第 1 版　　2022 年 4 月第 3 次印刷

开本：710 × 1000　1/16　　字数：110 千字

印张：10　　定价：45.00 元

# 前言

黑洞是目前物理学和天文学研究的一个热点。黑洞性质涉及物理学的基本规律和时空属性，现有的发现暗示人们：热力学与时空性质之间可能存在着深刻的内在联系，对黑洞理论的进一步探索有可能导致物理学的另一场革命。

对于普通的读者，可能更想知道想要了解黑洞，更应具备哪些基本常识呢？想要了解宇宙的秘密应掌握哪些知识呢？本书开始就为读者介绍了可以完美解释宇宙的相对论，正是爱因斯坦的理论才让困惑世人的很多问题得到了解决。如果说相对论因为高深还不能为大众所了解，那哈勃定律因为是出自实验物理则很好理解，而这两大理论就成了宇宙学的基础理论。

正是这两大宇宙学理论，让人们发现了黑洞，对于黑洞的研究还有很多其他的物理理论，比如，电磁学、钱德拉塞卡极限、史瓦西半径、奇点理论等，所有这些理论都为完美解释宇宙天体的变化做出了贡献。

因为所有这些理论的基础都离不开引力、电磁力等一些力的相互作用，爱因斯坦曾提出了大统一理论。后来的科学家也是基于这种思想来对宇宙进行研究。而黑洞所表现出来的时空维度正好符合科学家对宇宙秘密的探究。科学家通过对黑洞的研究提出了白洞与虫洞的假设，如果黑洞完全被解密，也许人类可以穿梭于不同的时空，想想这样的前景都是让人振奋的。

本书所讲内容不仅仅是黑洞，它涵盖了物理学的一些基本常识，宇宙学的一些知识，读者在出于对黑洞的好奇来阅读本书时，会接收到大量的科学知识信息，因此会在轻松的阅读中产生对科学知识的兴趣，最终产生一种学习的冲动，从而让生命更有意义。

# 目 录

## 第 1 章　发现宇宙的秘密



## 第 2 章　发现黑洞



## 第 3 章　黑洞的时空

## 第 4 章　黑洞其他宇宙学知识

# 第1章

# 发现宇宙的秘密

研究黑洞就是研究宇宙的命运，因为它是一个由一个只允许外部物质和辐射进入而不允许物质和辐射从中逃离的边界即视界所规定的时空区域。如果宇宙中的其他天体就这样一点点被它吞噬掉，想想未来的宇宙将是一个什么样子呢？

# 1.1 开启宇宙学的两大定理

## 引言

天体物理学分为：太阳物理学、太阳系物理学、恒星物理学、恒星天文学、行星物理学、星系天文学、宇宙学、宇宙化学、天体演化学等分支学科。另外，射电天文学、空间天文学、高能天体物理学也是它的分支。

想要了解任何天体的秘密都要了解一些天体物理的知识。本书的主角虽然是黑洞，但开篇一定要让读者学习点天体物理学知识。

天体物理学是研究宇宙的物理学，这包括星体的物理性质（光度，密度，温度，化学成分等）和星体与星体彼此之间的相互作用。应用物理理论与方法，来探讨恒

▼ 浩瀚的宇宙空间吸引着无数的科学工作者

星结构、恒星演化、太阳系的起源和许多跟宇宙学相关的问题。由于天体物理学是一门很广泛的学问，天文物理学家通常应用很多不同的学术领域，包括力学、电磁学、统计力学、量子力学、相对论、粒子物理学等。由于近代跨学科的发展，与化学、生物、历史、计算机、工程、古生物学、考古学、气象学等学科的混合，天体物理学目前大小分支为 300 ~ 500 门主要专业分支，成为物理学当中最前沿的庞大领导学科，是引领近代科学及科技重大发展的前导科学，同时也是历史最悠久的古老传统科学。

我们现在知道宇宙最著名的模型是大爆炸模型，宇宙中所有的一切都来自于那最初的爆炸。这一理论的提出要归功于理论物理学家，理论物理学家通常扮演大胆的假设者，当然这种假设并不是无依据的胡乱猜测，我们知道爱因斯坦是一位伟大的理论物理学家，而他的相对论是宇宙大爆炸模型的理论栋梁。我们现在知道相对论理论是正确的，而这一理论被世人接受完全要归功于另外一类天体物理学家，即实测天体物理学家，正是这类物理学家中的一位——英国物理学家阿瑟·斯坦利·爱丁顿（1882—1944）在 1919 年实地测量，才使人们接受了德裔美籍物理学家（犹太人）爱因斯坦（1879—1955）的理论。

为了接下来更好地理解黑洞被发现的意义，我们有必要了解一下两个物理大发现，正是这两个发现才有了我们今天的宇宙学。

## 相对论

只要说到现代物理学就不可能绕开爱因斯坦的相对论。这一理论是我们探索神秘宇宙的灯塔。相对论主要包含两部分内容：狭义相对论和广义相对论。

狭义相对论最著名的推论是质能公式，它说明了质量随能量的增加而增加。它也可以用来解释核反应所释放的巨大能量，但它不是导致原子弹的诞生的原因。而广义相对论所预言的引力透镜和黑洞，与有些天文观测到的现象符合。

### 狭义相对论

**◎概念**

哲学的伟大之处除了让人有理性思考之外，更重要的是它包罗了一切科学在未被完全解释中提出的那些假设，而任何一种假设都会让人充满探求的快乐。每个人都会受到前辈的启发，就连伟大的爱因斯坦也不例外。

## 以太

以太是希腊语，原意为上层的空气，指在天上的神所呼吸的空气。在宇宙学中，有时又用以太来表示占据天体空间的物质。

1881—1884年，波兰裔美籍物理学家阿尔伯特·迈克尔逊（1852—1931）和爱德华·莫雷为测量地球和以太的相对速度，进行了著名的迈克尔逊－莫雷实验。实验结果显示，不同方向上的光速没有差异。这实际上证明了光速不变原理，即真空中光速在任何参照系下具有相同的数值，与参照系的相对速度无关，以太其实并不存在。后来又有许多实验支持了上面的结论。

在19世纪末和20世纪初，虽然还进行了一些努力来拯救以太，但在狭义相对论确立以后，它终于被物理学家们所抛弃。人们接受了电磁场本身就是物质存在的一种形式的概念，而电磁场可以在真空中以波的形式传播。

量子力学的建立更加强了这种观点，因为人们发现，物质的原子以及组成它们的电子、质子和中子等粒子的运动也具有波的属性。波动性已成为物质运动的基本属性的一个方面，那种仅仅把波动理解为某种媒介物质的力学振动的狭隘观点已完全被冲破。

然而人们的认识仍在继续发展。到20世纪中期以后，人们又逐渐认识到真空并非是绝对的空，那里存在着不断的涨落过程（虚粒子的产生以及随后的湮没）。这种真空涨落是相互作用着的场的一种量子效应。

▼ 宇宙创生模拟图

▲ 人类对宇宙的思考最早是从探索地球开始的

奥地利物理学家恩斯特·马赫（1838—1916）和英国哲学家大卫·休谟（1711—1776）的哲学对爱因斯坦影响很大。马赫认为时间和空间的量度与物质运动有关。时空的观念是通过经验形成的，绝对时空无论依据什么经验也不能把握。休谟更具体地说：“空间和广延不是别的，而是按一定次序分布的可见的对象充满空间，而时间总是由能够变化的对象的可觉察的变化而发现的。”1905 年爱因斯坦指出，阿尔伯特·迈克尔逊和莫雷实验实际上说明关于“以太”的整个概念是多余的，光速是不变的，而牛顿的绝对时空观念是错误的。不存在绝对静止的参照物，时间测量也是随参照系不同而不同的。他用光速不变和相对性原理推出了洛仑兹变换（因荷兰物理学家亨德里克·安东·洛仑兹 <1853—1928> 创立而得名），创立了狭义相对论。

狭义相对论是建立在四维时空观上的一个理论，因此要弄清相对论的内容，要先对相对论的时空观有个大体了解。在数学上有各种多维空间，但目前为止，我们认识的物理世界只是四维，即三维空间加一维时间。

四维时空是构成真实世界的最低维度，我们的世界恰好是四维，至于高维真实空间，至少现在我们还无法感知。有一个例子，一把尺子在三维空间里（不含时间）转动，其长度不变，但旋转它时，它的各坐标值均发生了变化，且坐标之间是有联系的。四维时空的意义就是时间是第四维坐标，它与空间坐标是有联系的，也就是说时空是统一的，不可分割的整体，它们是一种“此消彼长”的关系。

四维时空不仅限于此，由质能关系可以知道，质量和能量实际是一回事，质量（或能量）并不是独立的，而是与运动状态有关的，比如速度越大，质量越大，即在我们的自然世界中没有绝对静止的物体。在四维时空里，质量（或能量）实际是四维动量的第四维分量，动量是描述物质运动的量，因此质量与运动状态有关就是理所当然的了。

在四维时空里，动量和能量实现了统一，称为能量动量四矢。另外在四维时空里还定义了四维速度、四维加速度、四维力、电磁场方程组的四维形式等。值得一提的是，电磁场方程组的四维形式更加完美，完全统一了电和磁，电场和磁场用一个统一的电磁场张量来描述。

四维时空的物理定律比三维定律更完美地解释了我们生活的这个宇宙，这说明

▼ 模拟黑洞图

我们的世界的确是四维的。正是因为它完美的解释才让我们不再怀疑它的正确性。

相对论中，时间与空间构成了一个不可分割的整体——四维时空，能量与动量也构成了一个不可分割的整体——四维动量。这说明自然界一些看似毫不相干的量之间可能存在深刻的联系。在下面论及广义相对论时我们还会看到，时空与能量动量四矢之间也存在着深刻的联系。

**◎原理**

物质在相互作用中作永恒的运动，没有不运动的物质，也没有无物质的运动，由于物质是在相互联系，相互作用中运动的，因此，必须在物质的相互关系中描述运动，而不可能孤立地描述运动。也就是说，运动必须有一个参考物，这个参考物就是参考系。

伽利略曾经指出，运动的船与静止的船上的运动不可区分，也就是说，当你在封闭的船舱里，与外界完全隔绝，那么即使你拥有最发达的头脑，最先进的仪器，也无从感知你的船是匀速运动，还是静止。更无从感知速度的大小，因为没有参考。比如，我们不知道我们整个宇宙的整体运动状态，因为宇宙是封闭的。爱因斯坦将其引用，作为狭义相对论的第一个基本原理：狭义相对性原理。其内容是：惯性系之间完全等价，不可区分。

著名的迈克尔逊—莫雷实验彻底否定了光的以太学说，得出了光与参考系无关的结论。也就是说，无论你站在地上，还是站在飞奔的火车上，测得的光速都是一样的。这就是狭义相对论的第二个基本原理：光速不变原理。

由这两条基本原理可以直接推导出相对论的坐标变换式、速度变换式等所有的狭义相对论内容。比如速度变换，与传统的法则相矛盾，但实践证明是正确的，因此，从这个意义上说，光速是不可超越的，因为无论在哪个参考系，光速都是不变的。速度变换已经被粒子物理学的无数实验证明，是无可挑剔的。正因为光的这一独特性质，因此被选为四维时空的唯一标尺。洛仑兹变换由于爱因斯坦提出的假说否定了伽利略变换，因此需要寻找一个满足相对论基本原理的变换式。爱因斯坦导出了这个变换式，一般称它为洛仑兹变换式。

▲ 爱因斯坦的理论是现今最能解释宇宙秘密的理论

1879

◎效应

根据狭义相对性原理，惯性系是完全等价的，因此，在同一个惯性系中，存在统一的时间，称为同时性，而相对论证明，在不同的惯性系中，却没有统一的同时性，也就是两个事件（时空点）在一个惯性系内同时，在另一个惯性系内就可能不同时，这就是同时的相对性，在惯性系中，同一物理过程的时间进程是完全相同的，如果用同一物理过程来度量时间，就可在整个惯性系中得到统一的时间。在广义相对论中可以知道，非惯性系中，时空是不均匀的，也就是说，在同一非惯性系中，没有统一的时间，因此不能建立统一的同时性。

相对论导出了不同惯性系之间时间进度的关系，发现运动的惯性系时间进度慢，这就是所谓的钟慢效应。可以通俗地理解为，运动的钟比静止的钟走得慢，而且，运动速度越快，钟走得越慢，接近光速时，钟就几乎停止了。尺子的长度就是在一惯性系中“同时”得到的两个端点的坐标值的差。由于“同时”的相对性，不同惯性系中测量的长度也不同。相对论证明，在尺子长度方向上运动的尺子比静止的尺子短，这就是所谓的尺缩效应，当速度接近光速时，尺子缩成一个点。由以上陈述可知，钟慢和尺缩的原理就是时间进度有相对性。也就是说，时间进度与参考系有关。这就从根本上否定了牛顿的绝对时空观，相对论认为，绝对时间是不存在的，然而时间仍是个客观量。比如双生子理想实验中，哥哥乘飞船回来后是 15 岁，弟弟可能已经是 45 岁了，说明时间是相对的，但哥哥的确是活了 15 年，弟弟也的确认为自己活了 45 年，这时与参考系无关的，时间又是“绝对的”。这说明，不论物体运动状态如何，它本身所经历的

▼ 牛顿的理论曾统治了很长一段时间

时间是一个客观量，是绝对的，这称为固有时。也就是说，无论你以什么形式运动，你都认为你喝咖啡的速度很正常，你的生活规律都没有被打乱，但别人可能看到你喝咖啡用了 100 年，而从放下杯子到寿终正寝只用了 1s。

◎**结论**

相对论要求物理定律要在坐标变换（洛仑兹变化）下保持不变。经典电磁理论可以不加修改而纳入相对论框架，而牛顿力学只在伽利略变换中形式不变，在洛仑兹变换下原本简洁的形式变得极为复杂。因此经典力学要进行修改，修改后的力学体系在洛仑兹变换下形式不变，称为相对论力学。狭义相对论建立以后，对物理学起到了巨大的推动作用。并且深入到量子力学的范围，成为研究高速粒子不可缺少的理论，而且取得了丰硕的成果。然而在成功的背后，却有两个遗留下的原则性问题没有解决。第一个是惯性系所引起的困难，抛弃了绝对时空后，惯性系成了无法定义的概念。我们可以说惯性系是惯性定律在其中成立的参考系。惯性定律实质是一个不受外力的物体保持静止或匀速直线运动的状态。然而“不受外力”是什么意思？

▼ 爱因斯坦的质能公式

只能说，不受外力是指一个物体能在惯性系中静止或匀速直线运动。这样，惯性系的定义就陷入了逻辑循环，这样的定义是无用的。我们总能找到非常近似的惯性系，但宇宙中却不存在真正的惯性系，整个理论如同建筑在沙滩上一般。第二个是万有引力引起的困难。万有引力定律与绝对时空紧密相连，必须修正，但将其修改为洛仑兹变换下形式不变的任何企图都失败了，万有引力无法纳入狭义相对论的框架。当时物理界只发现了万有引力和电磁力两种力，其中一种就冒出来捣乱，情况当然不会令人满意。

爱因斯坦只用了几个星期就建立起了狭义相对论，然而为解决这两个困难，建立起广义相对论却用了整整 10 年时间。为解决第一个问题，爱因斯坦干脆取消了惯性系在理论中的特殊地位，把相对性原理推广到非惯性系。因此第一个问题转化为非惯性系的时空结构问题。在非惯性系中遇到的第一只拦路虎就是惯性力。在深入研究了惯性力后，提出了著名的等效原理，发现参考系问题有可能和引力问题一并解决。几经曲折，爱因斯坦终于建立了完整的广义相对论。广义相对论让所有物理学家大吃一惊，引力远比想象中的复杂得多。至今为止爱因斯坦的场方程也只得到了为数不多的几个确定解。它那优美的数学形式至今令物理学家们叹为观止。就在广义相对论取得巨大成就的同时，由哥本哈根学派创立并发展的量子力学也取得了重大突破。然而物理学家们很快发现，两大理论并不相容，至少有一个需要修改。于是引发了那场著名的论战：爱因斯坦 VS 哥本哈根化学派。直到现在争论还没有停止，只是越来越多的物理学家更倾向量子理论。

▼ 爱因斯坦理论认为光线会弯曲很好地解释了宇宙中的一些现象

建立了广义相对论以后，爱因斯坦后来的约 40 年的时间都用来探索统一场论，试图把引力和电磁力统一起来，以完成物理

学的完全统一。刚开始几年他十分乐观，以为胜券在握，后来发现困难重重。当时的大部分物理学家并不看好他的工作，因此他的处境十分孤立。虽然他始终没有取得突破性的进展，不过他的工作为物理学家们指明了方向：建立包含四种作用力的超统一理论。目前学术界公认的最有希望的候选者是超弦理论与超膜理论。

▲ 1919 年爱丁顿拍摄的日全食，正是这一照片证明了爱因斯坦相对论的伟大

## 广义相对论

### ◎概念

相对论问世，人们看到的结论就是：四维弯曲时空，有限无边宇宙，引力波，引力透镜，大爆炸宇宙学说，以及 21 世纪的主旋律——黑洞等。这一切来得都太突然，让人们觉得相对论神秘莫测，因此在相对论问世头几年，一些人扬言“全世界只有 12 个人懂相对论”。甚至有人说，“全世界只有两个半人懂相对论”。更有甚者将相对论与“通灵术”“招魂术”之类相提并论。其实相对论并不神秘，它是最脚踏实地的理论，是经历了千百次实践检验的真理，更不是高不可攀的。

相对论应用的几何学并不是普通的欧几里得几何，而是黎曼几何。相信很多人都知道非欧几何，它分为罗氏几何与黎氏几何两种。黎曼从更高的角度统一了三种几何，称为黎曼几何。在非欧几何里，有很多奇怪的结论。三角形内角和不是 180°，圆周率也不是 3.1416 等。因此在刚出台时，备受嘲讽，被认为是最无用的理论。直到在球面几何中发现了它的应用才受到重视。

空间如果不存在物质，时空是平直的，用欧氏几何就足够了。比如在狭义相对论中应用的，就是四维伪欧几里得空间。加一个伪字是因为时间坐标前面还有个虚数单位 i。当空间存在物质时，物质与时空相互作用，使时空发生了弯曲，这是就要用非欧几何。而且不存在没有物质的空间，因为就算有你也永远无法发现，因为当你看见它的同时，它就有了物质，最起码是光。

## 欧氏几何与黎曼几何的特点

▲ 正因为天体大多沿椭圆形轨迹运动，这就显得黎曼几何尤为重要。

欧氏几何（欧几里得<约公元前330—约前275>创立）是把认识停留在平面上了，所研究的范围是绝对的平的问题，认为人生活在一个绝对平的世界里。因此在平面里画出的三角形三条边都是直的。两点之间的距离也是直的。但是假如我们生活的空间是一个双曲面，（不是双曲线），这个双曲面，我们可以把它想象成一口平滑的锅或太阳罩，我们就在这个双曲面里画三角形，这个三角形的三边的任何点都绝对不能离开双曲面，我们将发现这个三角形的三边无论怎么画都不会是直线，那么这样的三角形就是罗氏三角形，经过论证发现，任何罗氏三角形的内角和都永远小于180°，无论怎么画都不能超出180°，但是当把这个双曲面渐渐展开时，一直舒展成绝对平的面，这时罗氏三角形就变成了欧氏三角形，也就是我们在初中学的平面几何，其内角和自然是180°。

在平面上，两点间的最短距离是直线，但是在双曲面上，两点间的最短距离则是曲线，因为平面上的最短距离在平面上，那么曲面上的最短距离也只能在曲面上，而不能跑到曲面外抻直，故这个最短距离只能是曲线。若我们把双曲面舒展成平面以后，再继续朝平面的另一个方向变，则变成了椭圆面或圆面，这个时候，如果我们在这个椭圆面上画三角形，将发现，无论怎么画，这个三角形的内角和都大于180°，两点间的最短距离依然是曲线，这个几何就是黎曼几何（德国数学家黎曼<1826—1866>提出）。这个几何在物理上非常有用，因为光在空间上就是沿着曲线跑的，并非是直线，我们生活在地球上，因此我们的空间也是曲面，而不是平面，但为了生活方便，都不做严格规定，都近似地当成了平面。

在数学界，欧氏几何仍占主流；而物理界，则用的是黎曼几何。

因为据黎曼几何，光线按曲线运动；而欧氏几何中，光线按直线运动。

相对论预言了引力波的存在，发现了引力场与引力波都是以光速传播的，否定了万有引力定律的超距作用。当光线由恒星发出，遇到大质量天体，光线会重新汇聚，也就是说，我们可以观测到被天体挡住的恒星。一般情况下，看到的是个环，被称为爱因斯坦环。爱因斯坦将场方程应用到宇宙时，发现宇宙不是稳定的，它要么膨胀要么收缩。当时宇宙学认为，宇宙是无限的，静止的，恒星也是无限的。于是他不惜修改场方程，加入了一个宇宙常数，得到一个稳定解，提出有限无边宇宙模型。不久美国天文学家埃德温·哈勃（1889—1953）发现著名的哈勃定律，提出了宇宙膨胀学说。爱因斯坦为此后悔不已，称放弃了宇宙常数是他一生最大的错误。在以后的研究中，物理学家们惊奇地发现，宇宙何止是在膨胀，简直是在爆炸。极早期的宇宙分布在极小的尺度内，宇宙学家们需要研究粒子物理的内容来提出更全面的宇宙演化模型，而粒子物理学家需要宇宙学家们的观测结果和理论来丰富和发展粒子物理。这样，物理学中研究最大和最小的两个目前最活跃的分支：粒子物理学和宇宙学竟这样相互结合起来，如同一头怪蟒咬住了自己的尾巴。值得一提的是，虽然爱因斯坦的静态宇宙被抛弃了，但它的有限无边宇宙模型却是宇宙未来三种可能的命运之一，而且是最有可能是完美解释宇宙的理论。

**◎公式**

根据广义相对论中“宇宙中一切物质的运动都可以用曲率来描述，引力场实际上就是一个弯曲的时空”的思想，爱因斯坦写出了著名的引力场方程。该方程是一个以时空为自变量、以度规为因变量的带有椭圆形约束的二阶双曲型偏微分方程。它以复杂而美妙著称，但并不完美，计算时只能得到近似解。后来人们得到了真正球面对称的准确解——史瓦西解。

**◎原理**

由于惯性系无法定义，爱因斯坦将相对性原理推广到非惯性系，提出了广义相对论的第一个原理：广义相对性原理。其内容是，所有参考系在描述自然定律时都是等效的。这与狭义相对性原理有很大区别。在不同参考系中，一切物理定律完全等价，没有任何描述上的区别。但在一切参考系中，这是不可能的，只能说不同参考系可以同样有效地描述自然律。这就需要我们寻找一种更好的描述方法来适应这种要求。通过狭义相对论，很容易证明旋转圆盘的圆周率大于 3.1416，因此，普通参考系应该用黎曼几何来描述。第二个原理是光速不变原理：光速在任意参考系内都是不变的。它等效于在四维时空中光的时空点是不动的。当时空是平直的，在三维空间中光以光速直线运动，当时空弯曲时，在三维空间中光沿着弯曲的空间运动。可以说引力可使光线偏折，但不可加速光子。第三个原理是最著名的等效原理。质量有两种，惯性质量是用来度量物体惯性大小的，起初由牛顿第二定律定义。引力质量度量物体引力荷的大小，起初由牛顿的万有引力定律定义。它们是互不相干的两个定律。惯性质量不等于电荷，甚至目前为止没有任何关系。那么惯性质量与引力质量（引力荷）在牛顿力学中不应该有任何关系。然而通过当代最精密的实验也无法发现它们之间的区别，惯性质量与引力质量严格成比例（选择适当系数可使它们严格相等）。广义相对论将惯性质量与引力质量完全相等作为等效原理的内容。惯性质量联系着惯性力，引力质量与引力相联系。这样，非惯性系与引力之间也建立了联系。那么在引力场中的任意一点都可以引入一个很小的自由降落参考系。由于惯性质量与引力质量相等，在此参考系内既不受惯性力也不受引力，可以使用狭义相对论的一切理论。初始条件相同时，等质量不等电荷的质点在同一电场中有不同的轨道，但是所有质点在同一引力场中只有唯一的轨道。等效原理使爱因斯坦认识到，引力场很可能不是时空中的外来场，而是一种几何场，是时空本身的一种性质。由于物质的存在，原本平直的时空变成了弯曲的黎曼时空。在广义相对论建立之初，曾有第四条原理，惯性定律：不受力（除去引力，因为引力不是真正的力）的物体做惯性运动。在黎曼时空中，就是沿着测地线运动。测地线是直线的推广，是两点间最短（或最长）的线，是唯一的。比如，球面的测地线是过球心的平面与球面截得的大圆的弧。但广义相对论的场方程建立后，

◀ 爱丁顿为爱因斯坦理论为世人认可做出了巨大的贡献

这一定律可由场方程导出，于是惯性定律变成了惯性定理。值得一提的是，伽利略曾认为匀速圆周运动才是惯性运动，匀速直线运动总会闭合为一个圆。这样提出是为了解释行星运动。他自然被牛顿力学批的体无完肤，然而相对论又将它复活了，行星做的的确是惯性运动，只是不是标准的匀速。

▲ 爱因斯坦是一个真正了解宇宙的人

◎验证

爱因斯坦在建立广义相对论时，就提出了三个实验，并很快就得到了验证：（1）引力红移（2）光线偏折（3）水星近日点进动。直到最近才增加了第四个验证：（4）雷达回波的时间延迟。

（1）引力红移：广义相对论证明，引力势低的地方固有时间的流逝速度慢。也就是说离天体越近，时间越慢。这样，天体表面原子发出的光周期变长，由于光速不变，相应的频率变小，在光谱中向红光方向移动，称为引力红移。宇宙中有很多致密的天体，可以测量它们发出的光的频率，并与地球的相应原子发出的光作比较，发现红移量与相对论预言一致。20 世纪 60 年代初，人们在地球引力场中利用 γ 射线的无反冲共振吸收效应（穆斯堡尔效应）测量了光垂直传播 22.5M 产生的红移，结果与相对论预言一致。

（2）光线偏折：如果按光的波动说，光在引力场中不应该有任何偏折，按半经典式的“量子论加牛顿引力论”的混合产物，用普朗克公式 $E=h\nu$ 和质能公式 $E=mc^2$ 求出光子的质量，再用牛顿万有引力定律得到的太阳附近的光的偏折角是 0.87 秒（数

▼ 现代天文仪器的出现可以更好地观看日全食

学符号为″），按广义相对论计算的偏折角是 1.75 秒，为上述角度的两倍。1919 年，第一次世界大战（简称一战）刚结束，英国科学家爱丁顿派出两支考察队，利用日食的机会观测，观测的结果约为 1.7 秒，刚好在相对论实验误差范围之内。引起误差的主要原因是太阳大气对光线的偏折。最近依靠射电望远镜可以观测类星体的电波在太阳引力场中的偏折，不必等待日食这种稀有机会。精密测量进一步证实了相对论的结论。

（3）水星近日点的进动：天文观测记录了水星近日点每百年移动 5600 秒，人们考虑了各种因素，根据牛顿理论只能解释其中的 5557 秒，只剩 43 秒无法解释。广义相对论的计算结果与万有引力定律（平方反比定律）有所偏差，这一偏差刚好使水星的近日点每百年移动 43 秒。

（4）雷达回波实验：从地球向行星发射雷达信号，接收行星反射的信号，测量信号往返的时间，来检验空间是否弯曲（检验三角形内角和）。20 世纪 60 年代，美

▼ 罕见的爱因斯坦少年时代的照片

国物理学家克服重重困难做成了此实验，结果与相对论预言相符。

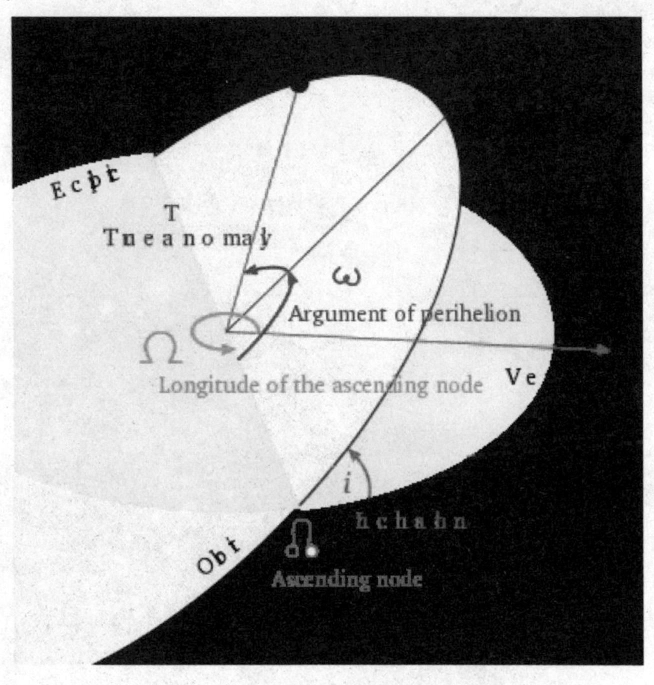


▲ 爱因斯坦的相对论对水星近日点43秒的偏差给出了很好的解释

### 相对论的分野

传统上，在爱因斯坦刚刚提出相对论的初期，人们以所讨论的问题是否涉及非惯性参考系来作为狭义与广义相对论分类的标志。随着相对论理论的发展，这种分类方法越来越显出其缺点——参考系是跟观察者有关的，以这样一个相对的物理对象来划分物理理论，被认为较不能反映问题的本质。目前一般认为，狭义与广义相对论的区别在于所讨论的问题是否涉及引力（弯曲时空），即狭义相对论只涉及那些没有引力作用或者引力作用可以忽略的问题，而广义相对论则是讨论有引力作用时的物理学的。用相对论的语言来说，就是狭义相对论的背景时空是平直的，即四维平凡流型配以闵氏度规，其

知识链接

### 曲率

曲线的曲率就是针对曲线上某个点的切线方向角对弧长的转动率，通过微分来定义，表明曲线偏离直线的程度。数学上表明曲线在某一点的弯曲程度的数值。曲率越大，表示曲线的弯曲程度越大。曲率的倒数就是曲率半径。曲率是几何体不平坦程度的一种衡量。平坦对不同的几何体有不同的意义。

▽ 爱因斯坦因为光的波粒二象性获得了诺贝尔物学奖

曲率张量为零，又称闵氏时空；而广义相对论的背景时空则是弯曲的，其曲率张量不为零。

从那时以来，人们对广义相对论的实验检验表现出越来越浓厚的兴趣。但由于太阳系内部引力场非常弱，引力效应本身就非常小，广义相对论的理论结果与牛顿引力理论的偏离很小，观测非常困难。20 世纪 70 年代以来，由于射电天文学的进展，观测的距离远远突破了太阳系，观测的精度随之大大提高。特别是 1974 年 9 月由美国麻省理工学院的泰勒和他的学生赫尔斯，用 305m 口径的大型射电望远镜进行观测时，发现了脉冲双星，它是一个中子星和它的伴星在引力作用下相互绕行，周期只有 0.323 天，它的表面的引力比太阳表面强十万倍，是地球上甚至太阳系内不可能获得的检验引力理论的实验室。经过长达十余年的观测，他们得到了与广义相对论的预言符合得非常好的结果。由于这一重大贡献，泰勒和赫尔斯获得了 1993 年诺贝尔物理奖。

## 哈勃定律

对于宇宙是膨胀的这一论点最有力的支持就是哈勃定律的被发现，哈勃通过对遥远太空天体的观察发现，一些河外星系正离我们远去。

### 哈勃定律的概念

哈勃定律的通俗解释为，河外星系的视向退行速度与距离成正比，即距离越远，视向速度越大。这个速度—距离关系在 1929 年由美国天文学家哈勃发现，称为哈勃定律或哈勃效应。在宇宙学研究中，哈勃定律成为宇宙膨胀理论的基础。但哈勃定律中的速度和距离均是间接观测得到的量。速度—距离关系和速度—视星等关系，是建立在观测红移—视星等关系及一些理论假设前提下的。哈勃定律原来

▼ 近日点图解

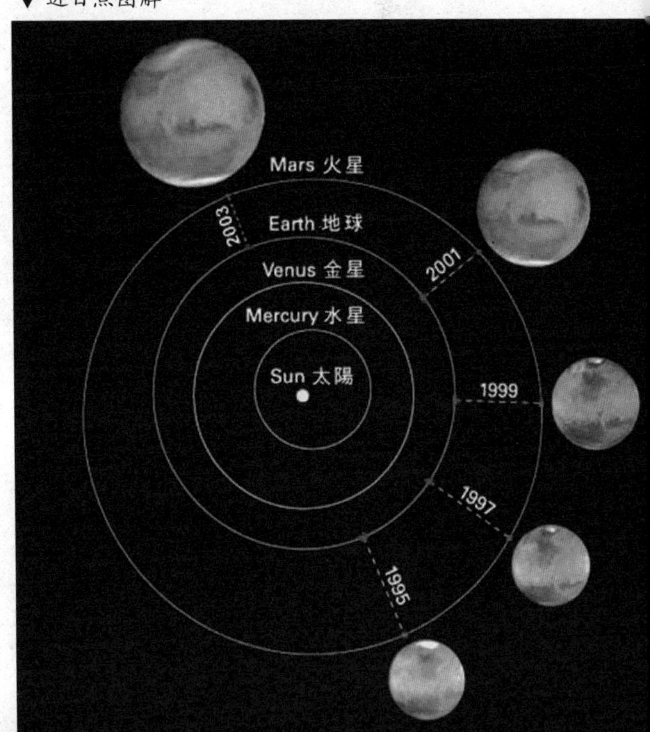

由对正常星系观测而得，现已应用到类星体或其他特殊星系上。哈勃定律通常被用来推算遥远星系的距离。

## 哈勃定律的发现

宇宙中所有天体都在运动，天文学上把天体空间运动速度在观测者视线方向上的分量称为天体的视向速度。视向速度测定的基础是物理学上的多普勒效应，它由奥地利物理学家多普勒于1842年首先发现。该效应指出，运动中声源发出的声音（如高速运动中火车的汽笛声），在静止观测者听来是变化的。若以 $c$ 表示声速，$v$ 为声源的运动速度，则静止观测者实际听到的运动中声源所发出声音的波长 $\lambda$，与声源静

▼ 近日点图解

止时声音波长 $\lambda_0$ 之间的关系符合数学表达式（$\lambda-\lambda_0$）$/\lambda_0=v/c$，称为多普勒效应。因为声速 $c$ 和静止波长 $\lambda_0$ 是已知的，$\lambda$ 可通过实测加以确定，所以可以利用多普勒效应测出声源的运动速度 $v$。声源的运动速度越高，声波波长的变化越显著。

光是一种电磁波，如果把多普勒效应同样应用于天体光线的传播上，公式中的 $c$ 就是光速，$v$ 就是天体的视向速度。以恒星为例，通常在恒星光谱中会有一些吸收谱线，这是恒星表面发出的光辐射被恒星大气中各种元素吸收所造成的，且特定的元素严格对应着特定波长的若干条吸收线。只要把实测恒星光谱中某种元素的吸收谱线位置（即运动光源的波长 $\lambda$），与实验室中同种元素的标准谱线位置（即静止波长 $\lambda_0$）加以比较，就可以发现两者之间会产生一定的位移 $\Delta\lambda=\lambda-\lambda_0$，即多普勒位移。$\lambda_0$ 是已知的，而 $\Delta\lambda$ 又可以通过观测得到，所以通过多普勒效应即可推算出恒星的视向速度 $v$，这就是确定天体视向速度的基本原理。据此，英国天文学家哈金斯在 1868 年首次测得天狼星的视向速度为 46km/s，且正在远离地球而去。

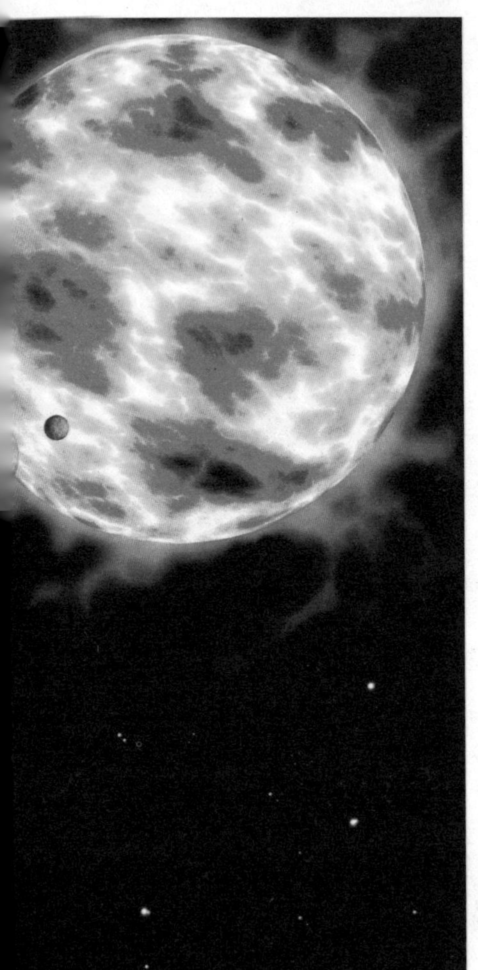

随着宇宙学的不断发展，人类对宇宙的认识从银河系扩展到了广袤的星系世界，一些天文学家开始把注意力转向星系。从 20 世纪 20 年代后期起，哈勃本人更是利用当时世界上最大的威尔逊山天文台 2.5m 口径的望远镜，全力从事星系的实测和研究工作，其中包括测定星系的视向速度，以及估计星系的距离，前者需要对星系进行光谱观测，后者则必须找到合适的、能用于测定星系距离的标距天体或标距关系。哈勃开展上述两项工作的目的，是试图探求星系视向速度与距离之间是否存在某种关系。

哈勃开展的这项观测研究是非常细致又极为枯燥的，他在相当长的一段时间内投入了自己的全部精力。与现代设备相比，20 世纪 20 年代观测条件很简陋，2.5m 口径望远镜不仅操纵起来颇为费力，而且不时会出现故障。星系是非常暗

▶ 伟大的科学就是引领我们探索的阶梯

的光源，为了拍摄到它们的光谱，在当时往往需要曝光达几十分钟乃至数小时之久，其间还必须保持对目标星系跟踪的准确性。为获取尽可能清晰的星系光谱，哈勃甚至迫不得已用自己的肩膀顶起巨大的镜筒。人们调侃地形容说，“冻僵了的哈勃”就“像猴子般地”整夜待在望远镜的五楼观测室内，“脸被暗红色的灯光照得像个丑八怪”，由此足见这位天文学大师严谨的科学态度和顽强拼搏的科学精神。

功夫不负有心人，经过几年的努力工作，到1929年哈勃获得了40多个星系的光谱，结果发现这些光谱都表现出普遍性的谱线红移。如果这是缘于星系视向运动而引起的多普勒位移，则说明所有的样本星系都在做远离地球的运动，且速度很大。这与银河系中恒星的运动情况截然不同：银河系的恒星光谱既有红移，也有蓝移，

▼ 遥远的宇宙深处无时不在发生着大爆炸

▲ 旋涡状星云

表明有的恒星在靠近地球，有的在远离地球。不仅如此，由位移值所反映出的星系运动速度远远大于恒星，前者可高达每秒数百、上千千米，甚至更大，而后者通常仅为每秒几千米或数十千米。

在设法合理地估计了星系的距离之后，哈勃惊讶地发现，样本中距离地球越远的星系，其谱线红移越大，且星系的视向退行速度与星系的距离之间可表述为简单的正比例函数关系：$v=H_0r$，（$v$ 表示星系的视向速度，星系的距离为 $r$）这就是著名的哈勃定律，式中的比例系数 $H_0$ 称为哈勃常数。

哈勃于 1929 年 3 月发表了他的首次研究结果，尽管取得了 46 个星系视向速度资料，但其中仅有 24 个确定了距离，且样本星系的视向速度最高不超过 1200km/s。

实际上当时哈勃所导出的星系的速度—距离关系并不十分明晰，个别星系对关系式 $v=H_0r$ 的弥散比较大。后来他与另一位天文学家赫马森合作，又获得了50个星系的光谱观测资料，其中最大的视向速度已接近2万km/s。在他们两人于1931年根据新资料所发表的论文中，星系的速度—距离关系得到进一步确认，且更为清晰。1948年，他们测得长蛇星系团的退行速度已高达6万km/s，而速度—距离关系依然成立。今天，哈勃定律已被众多的观测事实所证实，并为天文学家所公认，而且在宇宙学研究中起着特别重要的作用。

有意思的是，哈勃这位举世公认的星系天文学创始人始终不愿接受术语“星系”，他在自己的论文和报告中一直坚持用“河外星云”来称呼河外星系。因此，美国历史学家克里斯琴森亲昵地把哈勃称为“星云世界的水手”，并以此作为书名，用35万余字的篇幅详细记述了哈勃的科学生涯，特别是他在星系世界中长年的辛勤劳作和做出的不朽业绩。

## 哈勃的贡献

哈勃对20世纪天文系做出许多贡献，其中最重大者有二：一是确认星系是与银河系相当的恒星系统，开创了星系天文学，建立了大尺度宇宙的新概念；二是发现了星系的红移—距离关系，促使现代宇宙学的诞生。

◀ 现代天文仪器时刻在捕捉着来自外太空的信息

1914年，他在叶凯士天文台开始研究星云的本质，提出有一些星云是银河系的气团。他发现亮的银河星云的视直径同使星云发光的恒星亮度有关。并推测另一些星云，特别是具有螺旋结构的，可能是更遥远的天体系统。

1919年，他用世界上

最大的 150cm 和 254cm 望远镜照相观测旋涡星云。当时天文界正围绕"星云"是不是银河系的一部分这个问题展开了激烈的讨论。

1923—1924 年，哈勃用威尔逊山天文台的 254cm 反射望远镜拍摄了仙女座大星云和 $M_{33}$ 的照片，把它们的边缘部分分解为恒星，在分析一批造父变星的亮度以后断定，这些造父变星和它们所在的星云距离我们远达几十万光年，远超过当时银河系的直径尺度，因而一定位于银河系外，即它们确实是银河系外巨大的天体系统——河外星系。1924 年在美国天文学会一次学术会议上，正式公布了这一发现。这项发现使天文学家们关于"宇宙岛"的争论胜负立即分出，所有天文学家都意识到，多年来关于旋涡星云是近距天体还是银河系之外的宇宙岛的争论就此结束，从而揭开了探索大宇宙的新的一页。 1926 年，他发表了对河外星系的形态分类法，后称哈勃分类。

**◎确定宇宙年龄**

哈勃空间望远镜对造父变星的观测为哈勃常数的精确测量提供了保证。哈勃的精细导星传感器对造父变星进行了直接的视差测量，大大削减了用造父变星周光关系推算距离的不确定性。在哈勃空间望远镜之前，观测得到的哈勃常数有 1 ~ 2 倍的差异，但是在有了新的造父变星观测之后宇宙距离尺度的不确定性猛然下降到了大约只有 10%，从而对宇宙的扩张速率和年龄有更正确的认知。

**◎确定恒星形成**

哈勃空间望远镜还有助于研究诸如猎户星云之类的恒星形成区。通过哈勃空间望远镜对猎户星云的早期观测发现，其中聚集了许多被浓密气体和尘埃盘包裹的年轻恒星。尽管已经从理论上和甚大天线阵的观测中推测出来了这些盘的存在，但是直到哈勃所拍摄的高分辨率照片才第一次直接揭示出了这些盘的结构和物理性质。

**◎确定恒星死亡**

哈勃的观测还在超新星爆发和 γ 射线爆之间建立起了联系。通过哈勃对 γ 射线爆余晖的观测，研究人员把这些爆发锁定在了河外星系中的大质量恒星形成区。由此哈勃望远镜也令人信服地证明了这些剧烈的爆发和大质量恒星死亡的直接联系。

**◎发现黑洞**

哈勃空间望远镜最早的核心计划之一就是要建立起由黑洞驱动的类星体和星系之间的关系。之后，通过它们对周围恒星的引力作用，针对"哈勃"所获得的近距

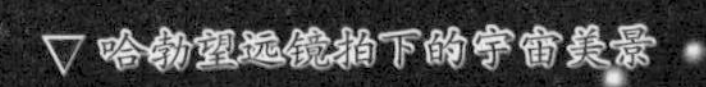

▽ 哈勃望远镜拍下的宇宙美景

星系光谱的动力学模型证实了黑洞的存在。这些研究也导致了对十几个星系中央黑洞质量的可靠测量，揭示出了黑洞质量和星系核球质量之间极为紧密的联系。2011年11月8日，借助哈勃空间望远镜，天文学家们首次拍摄到围绕遥远黑洞存在的盘状构造。这个盘状结构由气体和尘埃构成，并且正处于不断下降进入黑洞中被消耗的过程中。当这些物质落入黑洞的一瞬间，它们将释放巨大的能量，形成一种宇宙射电信号源，称为“类星体”。

**◎宇宙学的基础**

由于宇宙学的研究对象主要来自天文观测，而这也是唯一能在宇宙演化和结构的基础上测量宇宙距离和年龄的办法。哈勃空间望远镜能够通过对造父变星距离的测量来测定哈勃常数，而这与宇宙在今天的膨胀速度有关。此外，通过对超新星的测定，可以帮助研究人员来限制超新星的亮度，从而进一步限制宇宙早期膨胀的属性，从而为暗能量模型提供一个强有力的限制。

▼ 哈勃望远镜拍摄爱斯基摩星云照片

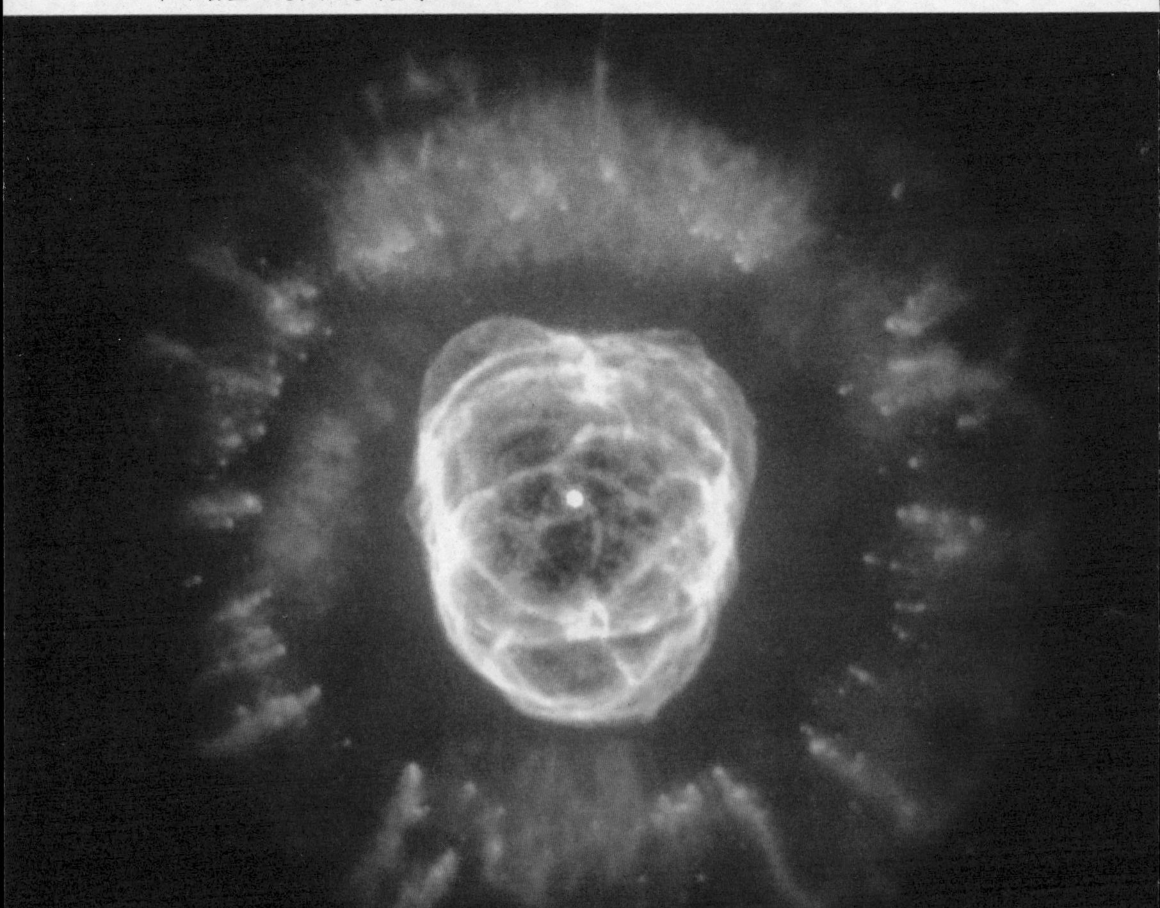

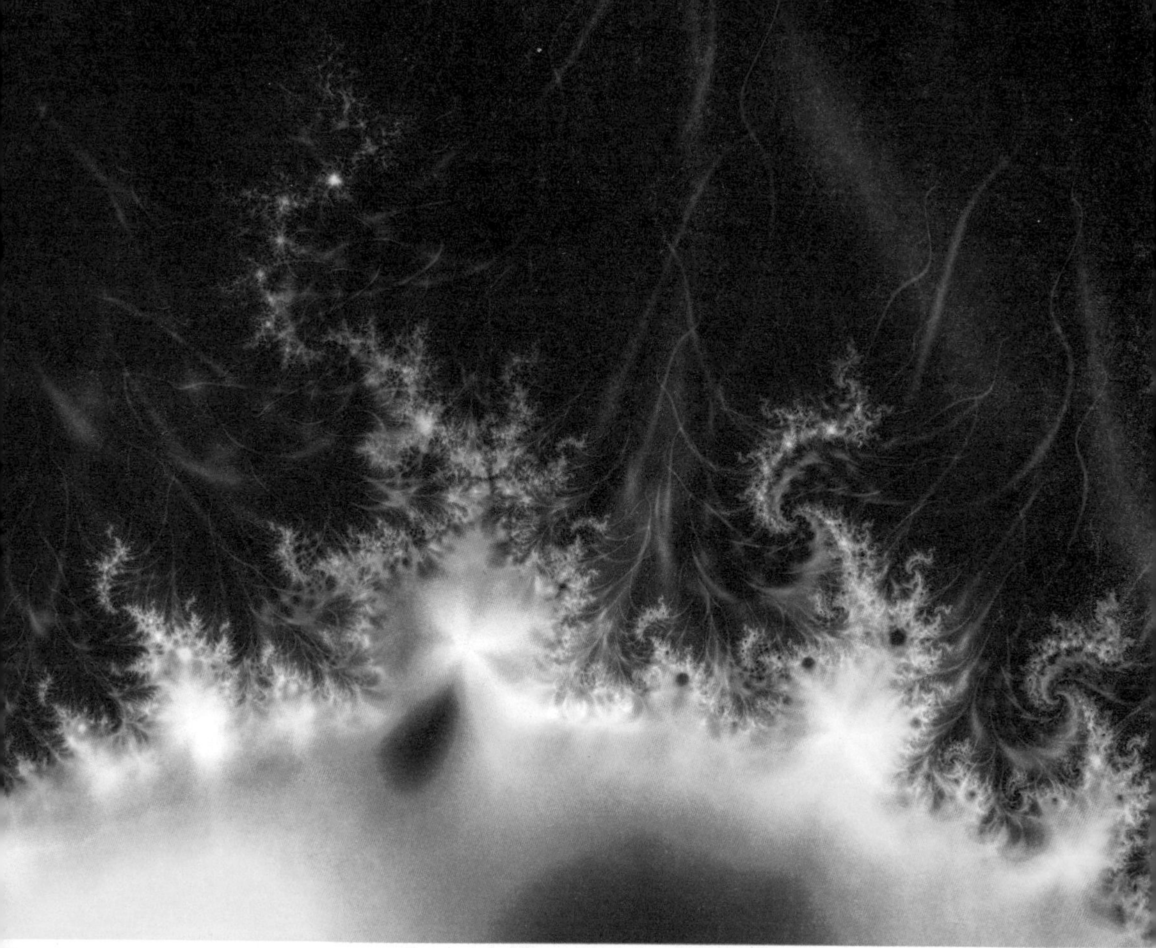

▲ 人们一直认为有一种看不见的暗物质在维系着宇宙

# 1.2 暗物质和暗能量

## 引言

不发射电磁辐射，也不与电磁波相互作用的一种物质。人们目前只能通过引力产生的效应得知宇宙中有大量暗物质的存在。暗物质存在的最早证据来源于对球状星系旋转速度的观测。

## 暗物质理论的提出

宇宙暗能量其基本特征是具有负压，在宇宙空间中几乎均匀分布或完全不结团。在 WMAP(威尔金森微波各向异性探测器)数据显示，暗能量在宇宙中占总物质的

## 引力透镜：

引力场源对位于其后的天体发出的电磁辐射所产生的汇聚或多重成像效应。因类似凸透镜的汇聚效应，因而得名。引力透镜效应是阿尔伯特·爱因斯坦的广义相对论所预言的一种现象，由于时空在大质量天体附近会发生畸变，使光线在大质量天体附近发生弯曲（光线沿弯曲空间的短程线传播）。如果在观测者到光源的视线上有一个大质量的前景天体则在光源的两侧会形成两个像，就好像有一面透镜放在观测者和天体之间一样，这种现象称之为引力透镜效应。对引力透镜效应的观测证明阿尔伯特·爱因斯坦的广义相对论确实是引力的正确描述。

73%。值得注意的是，对于通常的能量（辐射）、重子和冷暗物质，压强都是非负的，所以必定存在着一种未知的负压物质主导今天的宇宙。

宇宙的运动都是旋涡型的，所以暗能量总是以一种旋涡运动的形式出现。所以，在暗能量的旋转范围内能形成一种旋涡场，我们称之为暗能量旋涡场，简称为旋涡场。用 $E_n$ 来表示太阳系的暗能量，用 $E_p$ 来表示物质绕太阳系中心运动的总动能。当 $E_n=E_p$ 时，太阳系旋涡场处于平衡状态，它既不会膨胀也不会收缩。但当 $E_n$ 衰退时，太阳系旋涡场就会收缩，太阳系中所有的行星就会向太阳靠近。

要提及暗能量，不得不先提及另外一个和它密切相关的概念—暗物质，之所以将其称之为暗物质而不是物质就是因为它与一般的普通物质有着根本性的区别。普通物质就是那些在一般情况下能用眼睛或借助工具看得见、摸得着的东西，小到原子、大到宇宙星体，近到身边的各种物体远到宇宙深处的各种星系。普通物质总是能与光或者部分波发生相互作用或者在一定的条件下自身就能发光或者折射光线，从而被人们可以感知、看见、摸到或者借助仪器可以测量得到，但是暗物质恰恰相反，它根本不与光发生作用更不会发光，因为不发光又与光不发生任何作用，所以不会反射、折射或散射光即对各种波和光它们都是百分之百的透明体！所以在天文上用光的手段绝对看不到暗物质，不管是电磁波、无线电还是红外射线、γ 射线、X 射线这些统统都毫无用处，故而不被人们的感知所感觉也不被目前的仪器所观测，故此为了区分普通物质和这种特殊的物质而将这种特殊的物质称之为“暗物质”。

“暗能量”相比较暗物质更是奇特的有过之而无不及，因为它只有物质的作用效应而不具备物质的基本特征，所以都称不上物质故而将其称之为“暗能量”。虽然“暗能量”也不被人们所感觉也不被目前各种仪器所观测，但是人们凭借理性思维可以预测并感知到它的确存在。

暗物质与暗能量被认为是宇宙研究中最具挑战性的课题，它们代表了宇宙中 90% 以上的物质含量，而我们可以看到的物质只占宇宙总物质量的 10% 不到 (约 5%)。暗物质无法直接观测得到，现代天文学通过引力透镜、宇宙中大尺度结构形成、微波背景辐射等发现它能干扰星体发出的光波或引力，其存在能被明显地感受到。科学家曾对暗物质的特性提出了多种假设，但直到目前还没有得到充分的证明。

几十年前，暗物质刚被提出来时仅仅是理论的产物，但是现在我们知道暗物质已经成了宇宙的重要组成部分。暗物质的总质量是普通物质的 6.3 倍，在宇宙能量密度中占了 1/4，同时更重要的是，暗物质主导了宇宙结构的形成。暗物质的本质现在还是个谜，但是如果假设它是一种弱相互作用亚原子粒子的话，那么由此形成的宇宙大尺度结构与观测相一致。不过，最近对星系以及亚星系结构的分析显示，这一假设和观测结果之间存在着差异，这同时为多种可能的暗物质理论提供了用武之地。通过对小尺度结构密度、分布、演化以及其环境的研究可以区分这些潜在的暗物质模型，为暗物质本性的研究带来新的曙光。

## 暗物质的发现

大约 65 年前，第一次发现了暗物质存在的证据。当时，弗里兹 · 扎维奇发现，大型星系团中的星系具有极高的运动速度，除非星系团的质量是根据其中恒星数量计算所得到的值的 100 倍以上，否则星系团根本无法束缚住这些星系。之后几十年的观测分析证实了这一点。尽管对暗物质的性质仍然一无所知，但是到了 80 年代，占宇宙能量密度大约 20% 的暗物质已被广为接受了。

在引入宇宙膨胀理论之后，许多宇宙学家相信我们的宇宙是一个平行空间，而且宇宙总能量密度必定是等于临界值的（这一临界值用于区分宇宙是封闭的还是开放的）。与此同时，宇宙学家们也倾向于一个简单的宇宙，其中能量密度都以物质的形式出现，包括4%的普通物质和96%的暗物质与暗能量。但事实上，观测从来就没有与此相符合过。虽然在总物质密度的估计上存在着比较大的误差，但是这一误差还没有大到使物质的总量达到临界值，而且这一观测和理论模型之间的不一致也随着时间变得越来越尖锐。

不过，我们忽略了极为重要的一点，那就是暗物质促成了宇宙结构的形成，如果没有暗物质就不会形成星系、恒星和行星，更谈不上今天的人类了。宇宙尽管在

▼ 宇宙天体间有着错综复杂的关系

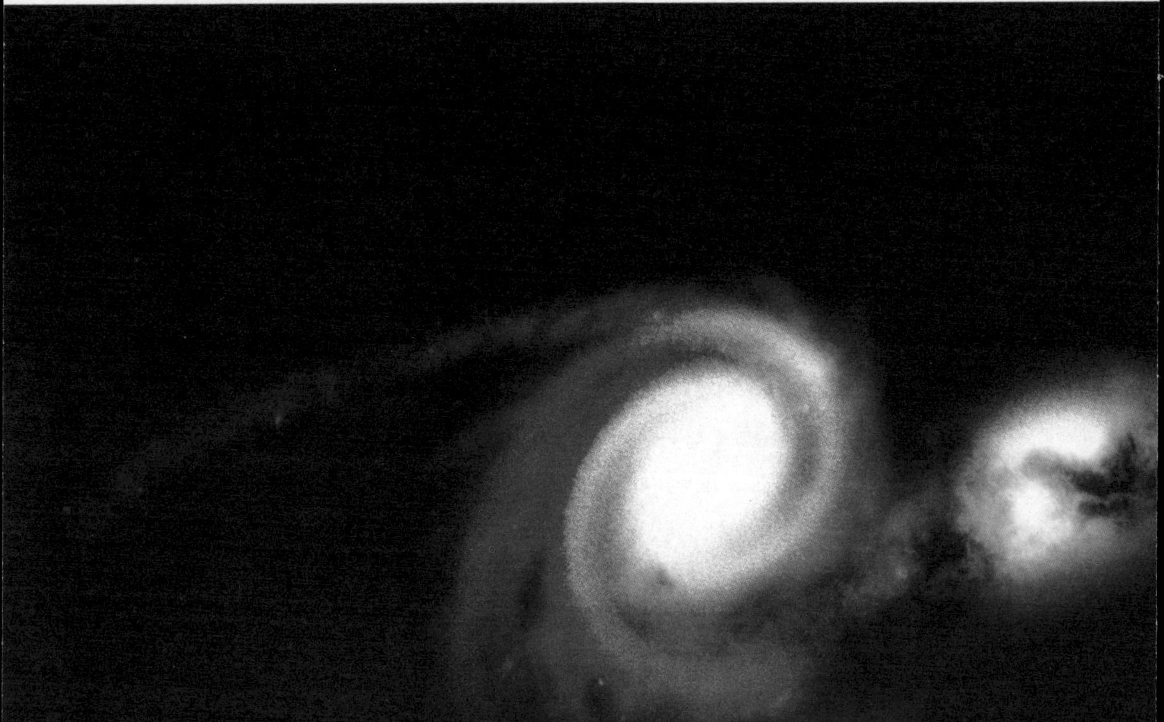

极大的尺度上表现出均匀和各向同性，但是在小一些的尺度上则存在着恒星、星系、星系团以及星系长城。而在大尺度上能够促使物质运动的力就只有引力了。但是均匀分布的物质不会产生引力，因此今天所有的宇宙结构必然源自于宇宙极早期物质分布的微小涨落，而这些涨落会在宇宙微波背景（CMB）中留下痕迹。然而普通物质不可能通过其自身的涨落形成实质上的结构而又不在宇宙微波背景辐射中留下痕迹，因为那时普通物质还没有从辐射中脱耦出来。

另一方面，不与辐射耦合的暗物质，其微小的涨落在普通物质脱耦之前就放大了许多倍。在普通物质脱耦之后，已经成团的暗物质就开始吸引普通物质，进而形成了我们现在观测到的结构。这需要一个初始的涨落，但是它的振幅非常非常的小。这里需要的物质就是冷暗物质，由于它是无热运动的非相对论性粒子因此得名。

在开始阐述这一模型的有效性之前，必须先交代一下其中一件重要的事情。对于先前提到的小扰动（涨落），为了预言其在不同波长上的引力效应，小扰动谱必须具有特殊的形态。为此，最初的密度涨落应该是标度无关的。也就是说，如果我们把能量分布分解成一系列不同波长的正弦波之和，那么所有正弦波的振幅都应该是相同的。“大爆炸”初期暴涨理论的成功之处就在于它提供了很好的动力学出发机制来形成这样一个标度无关的小扰动谱（其谱指数 $n=1$）。WMAP 的观测结果证实了这一预言。

但是如果我们不了解暗物质的性质，就不能说我们已经了解了宇宙。现在已经知道了两种暗物质——中微子和黑洞。但是它们对暗物质总量的贡献是非常微小的，暗物质中的绝大部分现在还不清楚。

耦 合

耦合是指两个或两个以上的电路元件或电网络的输入与输出之间存在紧密配合与相互影响，并通过相互作用从一侧向另一侧传输能量的现象；概括地说，耦合就是指两个或两个以上的实体相互依赖于对方的一个量度。

这里我们将讨论暗物质可能的候选者，由其导致的结构形成，以及我们如何综合粒子探测器和天文观测来揭示暗物质的性质。

2006年，美国天文学家利用钱德拉X射线望远镜对星系团1E0657－56进行观测，无意间观测到星系碰撞的过程，星系团碰撞威力之猛，使得黑暗物质与正常物质分开，因此发现了暗物质存在的直接证据。

## 暗能量概念的提出

关于暗能量概念的起源，还得追溯到科学巨匠爱因斯坦在1917年由他在两年前提出的广义相对论导出的一组引力方程式，方程式的结果都预示着宇宙是在做永恒的运动，这个结果与爱因斯坦的宇宙是静止的观点相违背，为了使这个结果能预示宇宙是呈静止状态，爱因斯坦又给方程式引入了一个项，这个项称之为的“宇宙常数”。

1997年12月，作为“大红移超新星搜索小组”的成员的哈佛大学天文学家罗伯特·基尔希纳根据超新星的变化显示，宇宙膨胀速度非但没有在自身重力下变慢反而在一种看不见的、无人能解释的、神秘力量的控制、推动下变快，人们只是猜测：所处的这个宇宙可能处于一种人类还不了解、还未认识到的继目前物质的固态、液态、气态、“场态”之后另一种物质状态的物质控制、作用之下，这种物质不同于普通物质的一切属性及其存在和作用机制，这种“物质”因其绝对不同于人们所熟知的普通物质态，故而科学家为了区分它们暂且将它称之为“暗物质”、将其具备的作用称之为“暗能量”，“暗物质”就成为当今天文学界、宇宙学界和物理学界等科学界中最大的谜团之一。后来人们经过哈勃空间望远镜观测发现，事实上宇宙是在不断膨胀着的，并且这一观测结果完全与引入“宇宙常数”之前的引力方程的计算结果相符合，爱因斯坦得知“实际上的宇宙是在膨胀着的”这个消息后非常后悔，因此他认为：“引入宇宙常数是我这一生所犯的最大错误！”现在看来，他的结论下得过早。此后那个“宇宙常数”便被人们所遗忘，后来的一次天文探测发现宇宙可能在加速膨胀，这就预示着宇宙中存在着某种“巨大的东西”，此后这个“宇宙常数”被赋予“暗能量”的含义。当科学家们一再通过各种的观测和计算证实，暗能量在宇宙中的确约占到 73%，暗物质约占到 23%，普通物质仅占到 4%，这可是一个惊人的数字和消息，这将预示着人们看到的宇宙、认识到的宇宙只占整个宇宙的 4% 的比例，而占 96%（1957 年诺贝尔奖得主李政道先生甚至还认为是 99% 以上）的东西竟然是不为我们所知道的。

在新世纪之初美国国家研究委员会发布一份题为《建立夸克与宇宙的联系：新

▼ 科学家通过观察一些天体的变化来了解宇宙

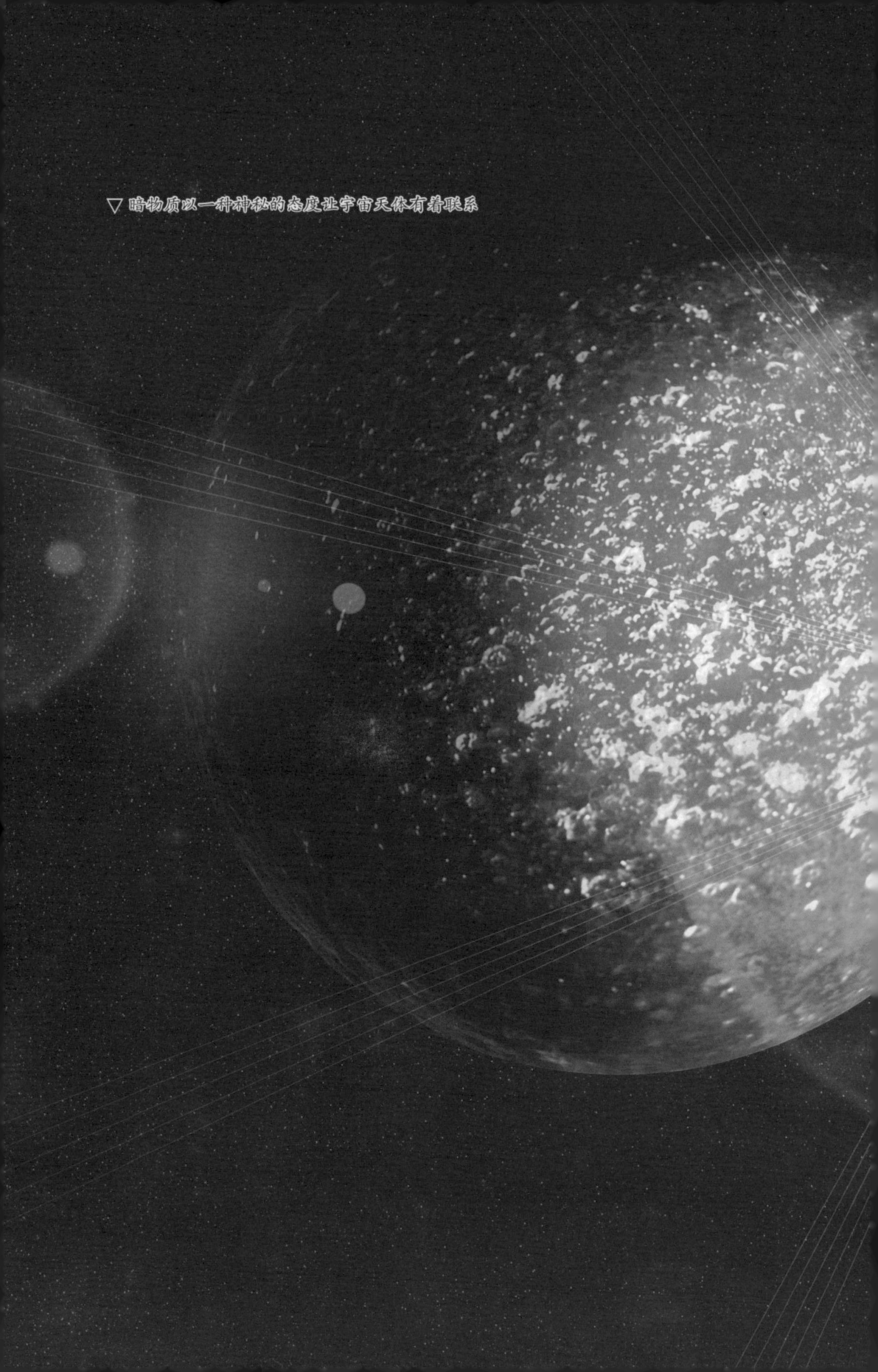

▽ 暗物质以一种神秘的态度让宇宙天体有着联系

▲ 暗物质充斥着宇宙

世纪 11 大科学问题》的研究报告，科学家们在报告中认为，暗物质和暗能量应该是未来几十年天文学研究的重中之重，“暗物质”的本质问题和“暗能量”的性质问题在报告所列出的 11 个大问题中分列为第一、第二位。

美国国家航空航天局（NASA）在轨道中运行的威尔金森微波仪探测卫星收集到的材料也证明超新星在发生同样的变化。这些变化的含义的确令科学家忐忑不安，因为这将预示着爱因斯坦、霍金等理论家可能都错了，影响并决定整个宇宙的力量不是引力和重力等已知作用力，而是以“宇宙常量”形式存在的“暗能量”和“暗物质”。所以有人认为，暗能量在宇宙中更像是一种背景和一种“超导体”，它就像是空气相对于人类或者是大海相对于鱼儿一样，故而在宇宙物理学上它的确表现得更像一个真空，因此也有人把“暗能量”称之为“真空能”。真空是不是就是“暗能量”？“暗能量”是不是就是“真空能”呢？如果真空真是“暗能量”，那么就应该具备一切能量的基本属性和基本特征——力量。可见真空是否具备力的特征和力的属性也就成为“暗能量”成为真空的前提条件。

综上所述可以看出，所有矛盾的焦点都集中在真空是否具备力的属性这个问题上，如果真空一旦被证明具备力的属性，那么“真空力”就成为独立于万有引力、

▼ 超新星爆发释放出巨大的能量

电磁力、强力和弱力之后在自然界中普遍存在着的第五种自然作用力即“第五种力”；那么真空就是物理学史上已经被抛弃的“以太”；而“以太”其实就是真空的某一种效应；那么真空也就是那个占整个宇宙 96% 以上的份额并控制着整个宇宙的神秘能量——“暗能量”，这一切的一切就因为真空有力而变为现实、变为可知的。

## 暗能量的发现

暗能量的发现过程极富戏剧性。按照宇宙大爆炸理论，在大爆炸发生之后，随着时间的推移，宇宙的膨胀速度将因为物质之间的引力作用而逐渐减慢，就像缓慢踩了刹车的汽车一样。也就是说，距离地球相对遥远的星系，其膨胀速度应该比那些近的星系慢一些。

但 1998 年，美国加州大学伯克利分校物理学伯克利国家实验室（LBNL）高级科学家索尔皮尔姆特，以及澳大利亚国立大学布赖恩施密特分别领导的两个小组，通

▼ 旋涡状图形是最完美的图形

过观测发现，那些遥远的星系正在以越来越快的速度远离我们。换句话说，宇宙是在加速膨胀，仿佛一辆不断踩油门的汽车，而不是像此前科学家所预测的那样处于减速膨胀状态。

这样一个完全出乎意料的观测结果，从根本上动摇了对宇宙的传统理解。那么到底是什么样的力量，在促使所有的星系或者其他物质加速远离呢？科学家们将这种与引力相反的斥力来源，称为“暗能量”。但“暗能量”到底意味着什么？至今我们能够给出的，只是一个十分粗略的宇宙结构“金字塔图景”：所熟悉的世界，即由普通的原子构成的一草一木、山河星月，仅占整个宇宙的 4%，相当于金字塔顶的那一块。下面的 22%，则为暗物质。这种物质由仍然未知的粒子构成，它们不参与电磁作用，无法用肉眼看到。但其和普通物质一样，参与引力作用，因此仍可能探测到。 作为塔基的 74%，则由最为神秘的暗能量构成。它无处不在，无时不在，由于我们对其性质知之甚少，所以科学家还不清楚如何在实验室中验证其存在。唯一的手段，仍然是通过天文观测这种间接手段来了解其奥秘。对 Ia 类型超新星的爆

发进行观测，则是目前最主要观测手段。这种超新星是由双星系统中的白矮星爆炸形成的，亮度几乎恒定。这样，通过测量其亮度，就可以知道其和地球之间的距离，进而了解其速度。借助哈勃这样灵敏的天文仪器的帮助，我们至少可以观测到 90 亿光年之外，即了解宇宙在 90 亿年前的信息。霍普金斯大学教授阿德姆瑞斯展示的最新“暗能量”场景如下：在大爆炸后的初期，宇宙经历了一个急速膨胀阶段。此后，由于暗物质以及物质之间的距离非常接近，在引力作用下，宇宙的膨胀速度开始减速。

然而，至少在 90 亿年前，宇宙中另外一种力量——表现为排斥力的发生的量的暗能量已经出现，并且开始逐步抵消引力作用。随着宇宙的膨胀，不断增长的暗能量终于在 50 亿 ~ 60 亿年前超越引力。此后，宇宙从减速膨胀，转变为加速膨胀状态，并且一直持续至今。

▼ 正是宇宙天体的有序运行，才让宇宙呈现完美的景象

# 1.3 大统一理论

## 引言

爱因斯坦在提出相对论以后，从20世纪30年代开始就致力于寻找一种统一的理论来解释所有相互作用，也就是解释一切物理现象，想通过“弱作用，磁场，强作用”来简单的解释宇宙，他几十年的努力虽未成功，但却激励了后人。

## 大统一理论

大统一理论试图用同一组方程式描述全部粒子和力(强相互作用、弱相互作用、万有引力、电磁相互作用四种人类目前所知的所有的力)的物理性质的理论或模型的总称。这样一种尚未找到的理论有时也称为万物之理，或TOE。

爱因斯坦在提出相对论以后，从30年代开始就致力于寻找一种统一的理论来解释所有相互作用，也就是解释一切物理现象，爱因斯坦晚年偏离物理界大方向自己研究大统一理论，想通过“弱作用，磁场，强作用”来简单的解释宇宙，直到他1955年逝世。他几十年的努力虽未成功，但却激励了后人。爱因斯坦在创建相对论时就意识到，自然科学中“统一”的概念或许是一个最基本的法则。他试图将当时已

▶ 伟大的英国物理学家牛顿（1642—1727）是经典物理学的奠基人

发现的四种相互作用统一到一个理论框架下，从而找到这四种相互作用产生的根源。这一工作几乎耗尽了他后半生的精力，以至于一些史学家断言这是爱因斯坦的一大失误。但是，在爱因斯坦的哲学中，“统一”的概念深深扎根于他的思想中，他越来越确信“自然界应当满足简单性原则”。虽然“大统一理论”没有成功，可是建立统一理论的思想却始终吸引着成千上万的物理学家们。

## 引 力

万有引力，乃任何有质体（即有质量之物）之间的相互吸引力。牛顿发现所有的东西一旦失去支撑必然会坠下，继而他发现任何两物体之间都存在着吸引力，而这引力更与距离的平方成反比，总结出万有引力定律。

## 电磁力

电磁相互作用力乃是带电荷粒子或具有磁矩粒子通过电磁场传递着相互之间的

▼ 万有引力公式

▲ 电和磁相互转换示意图

作用。法拉第(1791—1867)发现了某种具有深远意义的事情——尽管表面现象不同，但是电和磁仅仅是同一个基本现象的不同的方面。1861年，苏格兰理论家詹姆斯·麦克斯韦（1831—1879）成功地把法拉第的发现转换成数学语言。其成果就是现在著名的麦克斯韦电磁方程组。这些方程阐明了电与磁实质上的统一性。

## 强相互作用力

强相互作用力乃是让强子们结合在一块的作用力，人们认为其作用机制乃是核子间相互交换介子而产生的。1973年，维尔切克、格罗斯、波利策三位物理学家用完美的数学公式提出了一种新理论。乍一看，他们的理论是完全矛盾的，因为对他们的数学结果的解释表明，夸克间的距离越近，强作用力越弱。当夸克间彼此非常接近时，强作用力是如此之弱，以至它们的行为完全就像自由粒子。物理学家们将这种现象称为“渐近自由”，即渐近不缚性。反过来也是正确的，即当夸克间的距离越大时，强作用力就越强。这种特性可用橡皮带的性质来比喻，即橡皮带拉得越长，作用力就越强。渐近自由理论解释了质子和中子的成分夸克为何从来都不会分离。这一发现导致了一个全新的理论——量子色动力学的诞生。这一理论对标准模型有着重要的贡献。标准模型描述了与电磁力、强作用力、弱作用力有关的所有物理现象，但它并没有包括重力。在量子色动力学家的帮助下，物理学家终于能够解释为什么夸克只有在极高能的情况下它才会表现为自由粒子。在质子和中子中，夸克总是像“三胞胎”一样出现。

## 弱相互作用

20世纪末，在发现 β 衰变的时候，关于弱相互作用是一个不同的物理作用力的想法，其演化是很缓慢的。只有当实验上发现了其他弱作用，如 μ 衰变，μ 俘获等等，并且理论上认识到所有这些作用能够近似地用同一个耦合常数来描述之后，这一看法才变得明朗起来，才产生了普适的弱相互作用的看法。只有在此之后，人们才慢慢地认识到，弱相互作用力形成一个独立的领域，或许可与万有引力、电磁力和强作用核力及亚核力等等量齐观。最早观察到的原子核的 β 衰变是弱作用现象。弱作用仅在微观尺度上起作用，其力程最短，其强度排在强相互作用和电磁相互作用之后居第三位。其对称性较差，许多在强作用和电磁作用下的守恒定律都遭到破坏（见对称性和守恒定律），例如，宇称守恒在弱作用下不成立。弱作用的理论是电弱统一理论，弱作用通过交换中间玻色子 (W+/–，Z) 而传递。弱作用引起的粒子衰变称为弱衰变，弱衰变粒子的平均寿命为 10 ~ 13s。

第2章

# 发现黑洞

对于黑洞我们根本无法直接看到，因为黑洞中的光线无法逃逸出来。黑洞就像宇宙的无底洞，它吸进所有接近它的物质，而我们对它的了解只能通过它对周围天体的影响来实现。

# 2.1 黑洞理论的提出

## 引言

爱因斯坦说，时间和空间是人们认识的错觉。时间是因为宇宙万事万物的变化，让人们产生了时间的概念。在奇点处，随着宇宙的诞生，开始有了变化，是宇宙的开始。

## 奇 点

所谓奇点就是空间—时间的具有无限曲率的一点。空间—时间，在该处开始、在该处完结。爱因斯坦说，时间和空间是人们认识的错觉。时间是因为宇宙万事万物的变化，让人们产生了时间的概念。在奇点处，随着宇宙的诞生，开始有了变化，是宇宙的开始。经典广义相对论预言存在奇点，但由于现有理论在该处失效，也就是说，不能用定量分析的方法来描述在奇点处有些什么。

根据目前的黑洞理论，黑洞中心存在一个密度与质量无限大的奇点，所以要定义黑洞之前，必须定义奇点。借用爱因斯坦的橡皮膜类比，假如一个物体的能量或者质量足够大，它就会将橡皮膜刺出一个洞，而这个洞就很可能是说的奇点。由于已经能够证明黑洞的存在，又确定黑洞的中心是一个奇点，即研究宇宙从黑洞开始是最好的方法。很显然，光线是无法从黑洞上面逃逸出来的，这就是说明黑洞的引力加速度和表面逃逸速度都是超光速的。现有的定理是把撞到奇点上的物质看作“消失”了，事实上，物体在接近奇点的时候会被很快地加速到光速以上，而根据以前的证明，超过光速就会跳到另外一个时空，所以根本就不用管这个可怜的物体，他和当前时空没有关系。根据以上的推理，就可以对奇点做一个新的定义，奇点是现有时空上的一个破损点。换句话说，奇点就是时空隧道的入口，假如能忍受加速度造成的潮汐力，完全可以从这里出去。（假如对于这一点有疑义，也可以用另外一种理解方式，也就是物质已经被转化为能量，能量是否“超过光速”，这个问题是没有意义的。）

## 引力坍缩

引力坍缩是天体物理学上恒星或星际物质在自身物质的引力作用下向内塌陷的过程,产生这种情况的原因是恒星本身不能提供足够的压力以平衡自身的引力,从而无法继续维持原有的流体静力学平衡,引力使恒星物质彼此拉近而产生坍缩。在天文学中,恒星形成或衰亡的过程都会经历相应的引力坍缩。特别地,引力坍缩被认为是Ib和Ic型超新星以及II型超新星形成的机制,大质量恒星坍缩成黑洞时的引力坍缩也有可能是伽马射线暴的形成机制之一。至今人们对引力坍缩在理论基础上还不十分了解,很多细节仍然没有得到理论上的完善阐释。由于在引力坍缩中很有可能伴随着引力波的释放,通过对引力坍缩进行计算机数值模拟以预测其释放的引力波波形是当前引力波天文学界研究的课题之一。

## 潮汐力

当引力源对物体产生力的作用时 由于物体上各点到引力源距离不等 所以受到引力大小不同 从而产生引力差 对物体产生撕扯效果 这种引力差就是潮汐力。当一个天体甲受到天体乙的引力的影响,力场在甲面对乙跟背向乙的表面的作用,有很大差异。这使得甲出现很大应变,甚至会化成碎片。潮汐力会改变天体的形状而不改变其体积。地球的每部分都受到月球的引力影响而加速,在地球的观察者因此看到海洋内的水不断重新分布。当天体受潮汐力而自转,内部摩擦力会令其旋转动能化为内能,内能继而转成热。若天体相当接近系统内质量最大的天体,自转的天体便会以同一面朝质量最大的天体公转,即潮汐锁定,如月球和地球。在日常生活中潮汐力很难被察觉出来,但是一旦处在一个强引力场中这种效果将会非常明显(比如黑洞附近)。有人认为可以通过黑洞进入时空隧道,但你在靠近黑洞的时候,强大的潮汐力就足以将你撕成碎片。潮汐力就是万有引力的微小差别所引起的作用。更严格地说,是万有引力与惯性离心力的差值。

▲ 艺术家埃斯特的作品《圆形极限》

现在讨论奇点的寿命问题，假如是一个裸奇点，那么要维持它的话所需要的能量基本上为0。由于奇点是一个破洞，所以它的质量基本为0，使用爱因斯坦的方程 $E=mc^2$（$E$ 为能量，$m$ 为质量，$c$ 为光速），就可以得出前面的结论。这也就是说，奇点是类似于黑体的东西，它和黑体具有很多相同的性质。首先，由于绝对黑体不存在，所以假定一个封闭的盒子上面的一个小孔是黑体，同样，刚才的假定与此类似。考虑量子效益，黑体是具有辐射的。此处必须考虑量子效应，因为大多数情况下奇点是一个量子级别的点，根据不确定性原理，可以很容易地得出奇点具有微小能量的结论，这就使得奇点具有温度（像黑洞那样），就具有了类似与黑体辐射的东西，这里暂时称为奇点能量辐射。

由于奇点的巨大吸引力，所以不会具有裸奇点，因为它很快会被物质和能量包裹起来，就形成了黑洞。由此又出现了一个新的问题，假定这种定义方式是能够最好地描述现实情况的理论模型之一（不能说是“正确”），那么对于一个观测者来说，他所能观测到的从裸露奇点所发出的奇点能量辐射很可能和理论值有一定量的出入。因为基于奇点可能连通另一个时空的假设，另一个时空的能量或辐射完全可以通过这一点进入时空中来。假如说这一效应被观测到，就可以获得诺贝尔奖。但很可惜，在大多数情况下，这些辐射会极为微弱（因为目前假设的黑洞辐射也无法被观测到，黑洞辐射比这还要强一些），在接近 3K 的宇宙背景辐射中几乎是无法被测得的。

以上的讨论实际上都假定了奇点所连通的另一个时空的能量级别低于时空，现

▼ 光速的测出可以更简单明了地解释宇宙现象

在讨论其他的情况。由于这里量子效应比较显著，所以容易证明不可能在观测中表现出两个时空的能量级别相同的情况。当另外一个时空的能量级别高于时空时，那个时空的能量会进入时空，这可以被理解为现在所说的白洞。可以得出推论，大多数白洞不会辐射物质。可以很容易地发现，在这种理论框架下，许多在实际观测中的异常情况可以较为容易的解释，如暗物质。而要对这个假说进行“证明”或证伪，要通过实际的观测，才能确定它是否是能够最好描述当前情况的理论模型。

## 钱德拉塞卡极限

1928 年，一位印度研究生——萨拉玛尼安·钱德拉塞卡——乘船来到英国剑桥跟英国天文学家阿瑟·爱丁顿爵士(一位广义相对论专家)学习。钱德拉塞卡意识到，

▼ 宇宙中存在着大量的恒星

不相容原理所能提供的排斥力有一个极限。恒星中的粒子的最大速度差被相对论限制为光速。这意味着，恒星变得足够紧致之时，由不相容原理引起的排斥力就会比引力的作用小。钱德拉塞卡计算出，一个大约为太阳质量 1.5 倍的冷的恒星不能支持自身以抵抗自己的引力。（这质量现在称为钱德拉塞卡极限）苏联科学家列夫·达维多维奇·兰道几乎在同时也发现了类似的结论。这对大质量恒星的最终归宿具有重大的意义。如果一颗恒星的质量比钱德拉塞卡极限小，它最后会停止收缩并终于变成一颗半径为几千千米和密度为每立方英寸[①]几百吨的“白矮星”。白矮星是它物质中电子之间的不相容原理排斥力所支持的。我们观察到大量这样的白矮星。第一颗被观察到的是绕着夜空中最亮的恒星——天狼星转动的那一颗。

兰道指出，对于恒星还存在另一可能的终态。其极限质量大约也为太阳质量的 1 倍或 2 倍，但是其体积甚至比白矮星还小得多。这些恒星是由中子和质子之间，而

① 1in（英寸）=25.4mm。

▽ 天狼星

▲ 白矮星

不是电子之间的不相容原理排斥力所支持。所以它们被叫作中子星。它们的半径只有 10km 左右，密度为每立方英寸几亿吨。在中子星被第一次预言时，并没有任何方法去观察它。实际上，很久以后它们才被观察到。

另一方面，质量比钱德拉塞卡极限还大的恒星在耗尽其燃料时，会出现一个很大的问题：在某种情形下，它们会爆炸或抛出足够的物质，使自己的质量减少到极限之下，以避免灾难性的引力坍缩。但是很难令人相信，不管恒星有多大，这总会发生。爱丁顿对此感到震惊，他拒绝相信钱德拉塞卡的结果。爱丁顿认为，一颗恒星不可能坍缩成一点。这是大多数科学家的观点：爱因斯坦自己就写了一篇论文，宣布恒星的体积不会收缩为零。其他科学家，尤其是他以前的老师、恒星结构的主要权威——爱丁顿的故意使钱德拉塞卡抛弃了这方面的工作，转去研究诸如恒星团运动等其他天文学问题。然而，他获得 1983 年诺贝尔奖，至少部分原因在于他早年

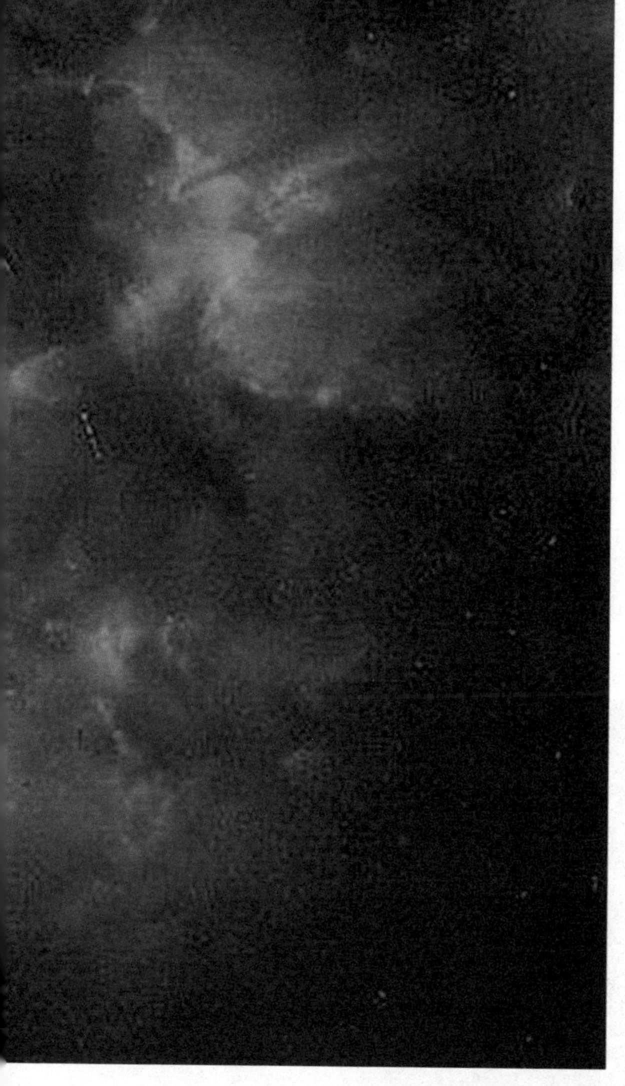

所做的关于冷恒星的质量极限的工作。

## 其他科学家的研究

钱德拉塞卡指出，不相容原理不能够阻止质量大于钱德拉塞卡极限的恒星发生坍缩。但是，根据广义相对论，这样的恒星会发生什么情况呢？这个问题被一位年轻的美国人罗伯特·奥本海默于 1939 年首次解决。然而，他所获得的结果表明，用当时的望远镜去观察不会再有任何结果。以后，因第二次世界大战的干扰，奥本海默非常密切地卷入到原子弹计划中去。战后，由于大部分科学家被吸引到原子和原子核尺度的物理中去，因而引力坍缩的问题被大部分人忘记了。

1967 年，剑桥的一位研究生约瑟琳·贝尔发现了天空发射出无线电波的规则脉冲的物体，这对黑洞的存在的预言带来了进一步的鼓舞。起初贝尔和她的导师安东尼·赫维许以为，他们可能和我们星系中的外星文明进行了接触！我的确记得在宣布他们发现的讨论会上，他们将这四个最早发现的源称为 LGM1 — 4，LGM 表示“小绿人”（“Little Green Man”）的意思。然而，最终他们和所有其他人都得到了不太浪漫的结论，这些被称为脉冲星的物体，事实上是旋转的中子星，这些中子星由于在黑洞这个概念刚被提出的时候，共有两种光理论：一种是牛顿赞成的光的微粒说；另一种是光的波动说。我们现在知道，实际上这两者都是正确的。由于量子力学的波粒二象性，光既可认为是波，也可认为是粒子。在光的波动说中，不清楚光对引力如何响应。但是如果光是由粒子组成的，人们可以预料，它们正如同炮弹、火箭和行星那样受引力的影响。起先人们以为，光粒子无限快地运动，所以引力不可能使之慢下来，但是丹麦天文学家罗默关于光速度有限的发现表明引力对之可有重要效应。

1983 年，剑桥的学监约翰·米歇尔在这个假定的基础上，在《伦敦皇家学会哲学学报》上发表了一篇文章。他指出，一个质量足够大并足够紧致的恒星会有如此强大的引力场，以至于连光线都不能逃逸——任何从恒星表面发出的光，还没到达远处即会被恒星的引力吸引回来。米歇尔暗示，可能存在大量这样的恒星，虽然会由于从它们那里发出的光不会到达我们这儿而使我们不能看到它们，但我们仍然可以感到它们的引力的吸引作用。这正是我们现在称为黑洞的物体。

▼ 黑洞的近邻暴露了黑洞的行踪

事实上，因为光速是固定的，所以，在牛顿引力论中将光类似炮弹那样处理实在很不协调。（从地面发射上天的炮弹由于引力而减速，最后停止上升并折回地面；然而，一个光子必须以不变的速度继续向上，那么牛顿引力对于光如何发生影响呢？）直到1915年爱因斯坦提出广义相对论之前，一直没有关于引力如何影响光的协调的理论。甚至又过了很长时间，这个理论对大质量恒星的含义才被理解。

观察一个恒星坍缩并形成黑洞时，因为在相对论中没有绝对时间，所以每个观测者都有自己的时间测量。由于恒星的引力场，在恒星上某人的时间将和在远处某人的时间不同。假定在坍缩星表面有一无畏的航天员和恒星一起向内坍缩，按照他的表，每一秒钟发一信号到一个绕着该恒星转动的空间飞船上去。在他的表的某一

时刻，譬如 11 点钟，恒星刚好收缩到它的临界半径，此时引力场强到没有任何东西可以逃逸出去，他的信号再也不能传到空间飞船了。当 11 点到达时，他在空间飞船中的伙伴发现，航天员发来的一串信号的时间间隔越变越长。但是这个效应在 10 点 59 分 59 秒之前是非常微小的。在收到 10 点 59 分 58 秒和 10 点 59 分 59 秒发出的两个信号之间，他们只需等待比一秒钟稍长一点的时间，然而他们必须为 11 点发出的信号等待无限长的时间。按照航天员的手表，光波是在 10 点 59 分 59 秒和 11 点之间由恒星表面发出，从空间飞船上看，那光波被散开到无限长的时间间隔里。在空间飞船上收到这一串光波的时间间隔变得越来越长，所以恒星来的光显得越来越红、越来越淡，最后，该恒星变得如此之朦胧，以至于从空间飞船上再也看不见它，所余下的只是空间中的一个黑洞。然而，此恒星继续以同样的引力作用到空间飞船上，使飞船继续绕着所形成的黑洞旋转。

▼ 黑洞临界模拟图

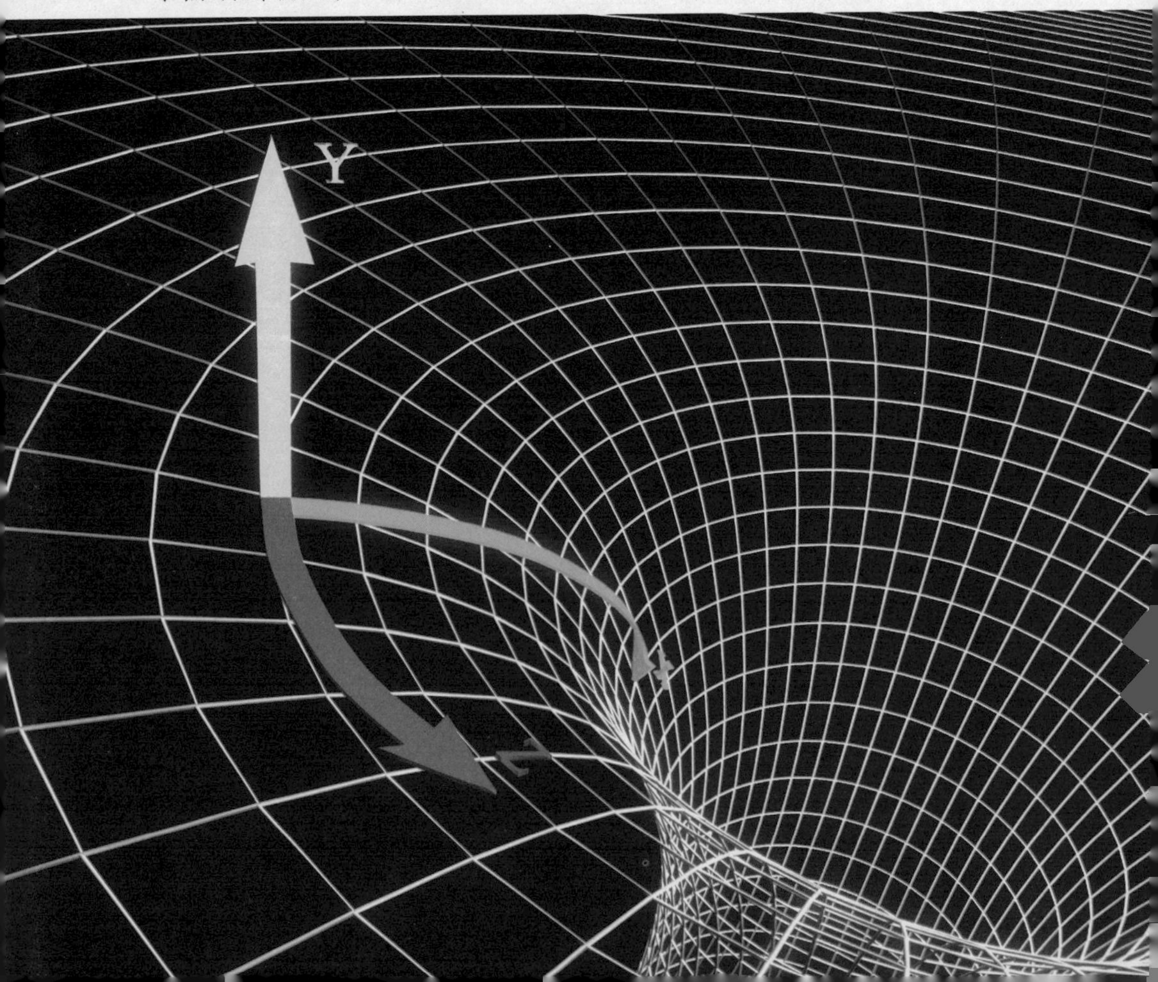

但是由于以下的问题，使得上述情景不是完全现实的。离开恒星越远则引力越弱，所以作用在这位无畏的航天员脚上的引力总比作用到他头上的大。在恒星还未收缩到临界半径而形成事件视界之前，这力的差就已经将航天员拉成意大利面条那样，甚至将他撕裂！然而，在宇宙中存在质量大得多的天体，譬如星系的中心区域，它们遭受到引力坍缩而产生黑洞，一位在这样的物体上面的航天员在黑洞形成之前不会被撕开。事实上，当他到达临界半径时，不会有任何异样的感觉，甚至在通过永不回返的那一点时，都没注意到。但是，随着该区域继续坍缩，只要在几个钟头之内，作用到他头上和脚上的引力之差会变得如此之大，以至于再将其撕裂。

罗杰·彭罗斯在 1965 年和 1970 年之间的研究指出，根据广义相对论，在黑洞中必然存在无限大密度和空间—时间曲率的奇点。这和时间开端时的大爆炸相当类似，只不过它是一个坍缩物体和航天员的时间终点而已。在此奇点，科学定律和预言将来的能力都失效了。然而，任何留在黑洞之外的观察者，将不会受到可预见性失效的影响，因为从奇点出发的不管是光还是任何其他信号都不能到达。这令人惊奇的事实导致罗杰·彭罗斯提出了宇宙监督猜测，它可以被意译为：“上帝憎恶裸奇点。”换言之，由引力坍缩所产生的奇点只能发生在像黑洞这样的地方，在那儿它被事件视界体面地遮住而不被外界看见。严格地讲，这是所谓弱的宇宙监督猜测：它使留在黑洞外面的观察者不致受到发生在奇点处的可预见性失效的影响，但它对那位不幸落到黑洞里的可怜的航天员却是爱莫能助。

▲ 这些美丽的天体爆炸过后可能就永远消失在了宇宙中

# 2.2 黑洞的产生

## 引言

就像宇宙始于一场大爆炸，而对于宇宙中的魔鬼——黑洞，人们自然好奇它是怎样产生的，并且会有怎样的未来。

黑洞的产生过程类似于中子星的产生过程，恒星的核心在自身重力的作用下迅速地收缩，坍陷，发生强力爆炸。当核心中所有的物质都变成中子时收缩过程立即停止，被压缩成一个密实的星体，同时也压缩了内部的空间和时间。但在黑洞情况下，由于恒星核心的质量大到使收缩过程无休止地进行下去，中子本身在挤压引力自身的吸引下被碾为粉末，剩下来的是一个密度高到难以想象的物质。由于高质量而产生的力量，使得任何靠近它的物体都会被它吸进去。黑洞开始吞噬恒星的外壳，但黑洞并不能吞噬如此多的物质，黑洞会释放一部分物质，射出两道纯能量——γ 射线。

也可以简单理解：通常恒星的最初只含氢元素，恒星内部的氢原子时刻相互碰撞，发生聚变。由于恒星质量很大，聚变产生的能量与恒星万有引力抗衡，以维持恒星结构的稳定。由于聚变，氢原子内部结构最终发生改变，破裂并组成新的元素——氦元素。接着，氦原子也参与聚变，改变结构，生成锂元素。依此类推，按照元素周期表的顺序，会依次有铍元素、硼元素、碳元素、氮元素等生成。直至铁元素生成，该恒星便会坍塌。这是由于铁元素相当稳定不能参与聚变，而铁元素存在于恒星内部，导致恒星内部不具有足够的能量与质量巨大的恒星的万有引力抗衡，从而引发恒星坍塌，最终形成黑洞。说它“黑”，是指它就像宇宙中的无底洞，任何物质一旦掉进去，就再不能逃出。跟白矮星和中子星一样，黑洞可能也是由质量大于太阳质量好几倍以上的恒星演化而来的。

当一颗恒星衰老时，它的热核反应已经耗尽了中心的燃料（氢），由中心产生的能量已经不多了。这样，它再也没有足够的力量来承担起外壳巨大的重量。所以在外壳的重压之下，核心开始坍缩，物质将不可阻挡地向着中心点进军，直到最后形成体积接近无限小、密度几乎无限大的星体。而当它的半径一旦收缩到一定程度（一定小于史瓦西半径），质量导致的时空扭曲就使得即使光也无法向外射出——“黑洞”诞生了。

## 中子星

中子星，又名波霎（注：脉冲星都是中子星，但中子星不一定是脉冲星，我们必须要收到它的脉冲才算是。）是恒星演化到末期，经由重力崩溃发生超新星爆炸之后，可能成为的少数终点之一。简而言之，即质量没有达到可以形成黑洞的恒星在寿命终结时坍缩形成的一种介于恒星和黑洞的星体，其密度比地球上任何物质密度大相当多倍。

中子星的密度为 $10^{11}$kg/$cm^3$，也就是每立方厘米的质量竟为 1 亿吨之巨！对比起白矮星的几十吨 / 立方厘米，后者似乎又不值一提了。事实上，中子星的质量是如此之大，半径 10km 的中子星的质量就与太阳的质量相当了。

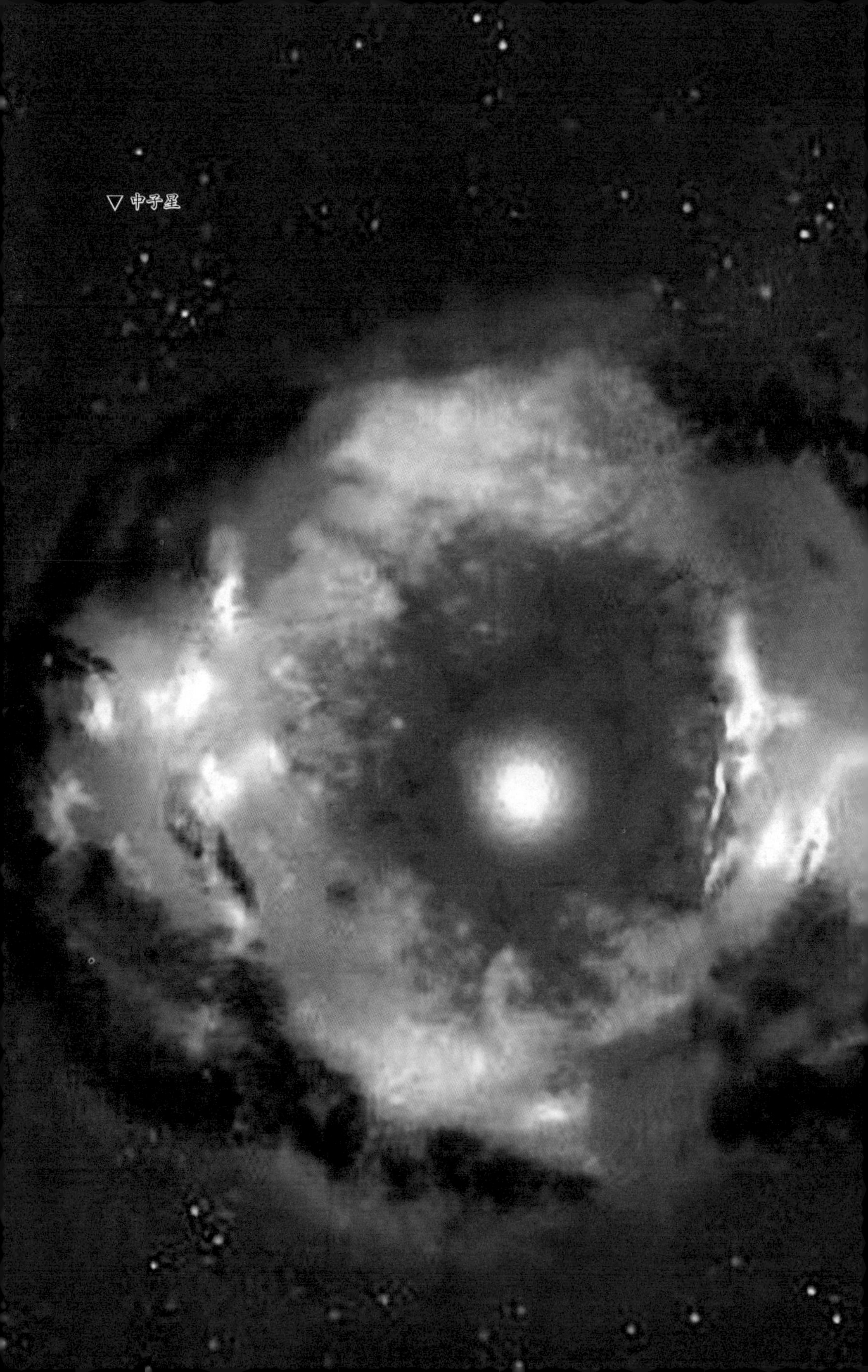

▽ 中子星

同白矮星一样，中子星是处于演化后期的恒星，它也是在老年恒星的中心形成的。只不过能够形成中子星的恒星，其质量更大罢了。根据科学家的计算，当老年恒星的质量大于10个太阳的质量时，它就有可能最后变为一颗中子星，而质量小于10个太阳的恒星往往只能变化为一颗白矮星。

但是，中子星与白矮星的区别，不只是生成它们的恒星质量不同。它们的物质存在状态是完全不同的。

简单地说，白矮星的密度虽然大，但还在正常物质结构能达到的最大密度范围内：电子还是电子，原子核还是原子核。而在中子星里，压力是如此之大，白矮星中的简并电子压再也承受不起了：电子被压缩到原子核中，同质子中和为中子，使原子变得仅由中子组成。而整个中子星就是由这样的原子核紧挨在一起形成的。可以这样说，中子星就是一个巨大的原子核。中子星的密度就是原子核的密度。中子星的质量非常大由于巨大的质量就连光线都是呈抛物线挣脱。

在形成的过程方面，中子星同白矮星是非常类似的。当恒星外壳向外膨胀时，它的核受反作用力而收缩。核在巨大的压力和由此产生的高温下发生一系列复杂的物理变化，最后形成一颗中子星内核。而整个恒星将以一次极为壮观的爆炸来了结自己的生命。这就是天文学中著名的“超新星爆发”。

## 核聚变

核聚变是指由质量小的原子，主要是氢原子核（氘或氚），在一定条件下（如超高温和高压），发生原子核互相聚合作用，生成新的质量更大的原子核，并伴随着巨大的能量释放的一种核反应形式。原子核中蕴藏巨大的能量，原子核的变化（从一种原子核变化为另外一种原子核）往往伴随着能量的释放。如果是由重的原子核变化为轻的原子核，叫核裂变，如原子弹爆炸；如果是由轻的原子核变化为重的原子核，叫核聚变，如太阳发光发热的能量来源。

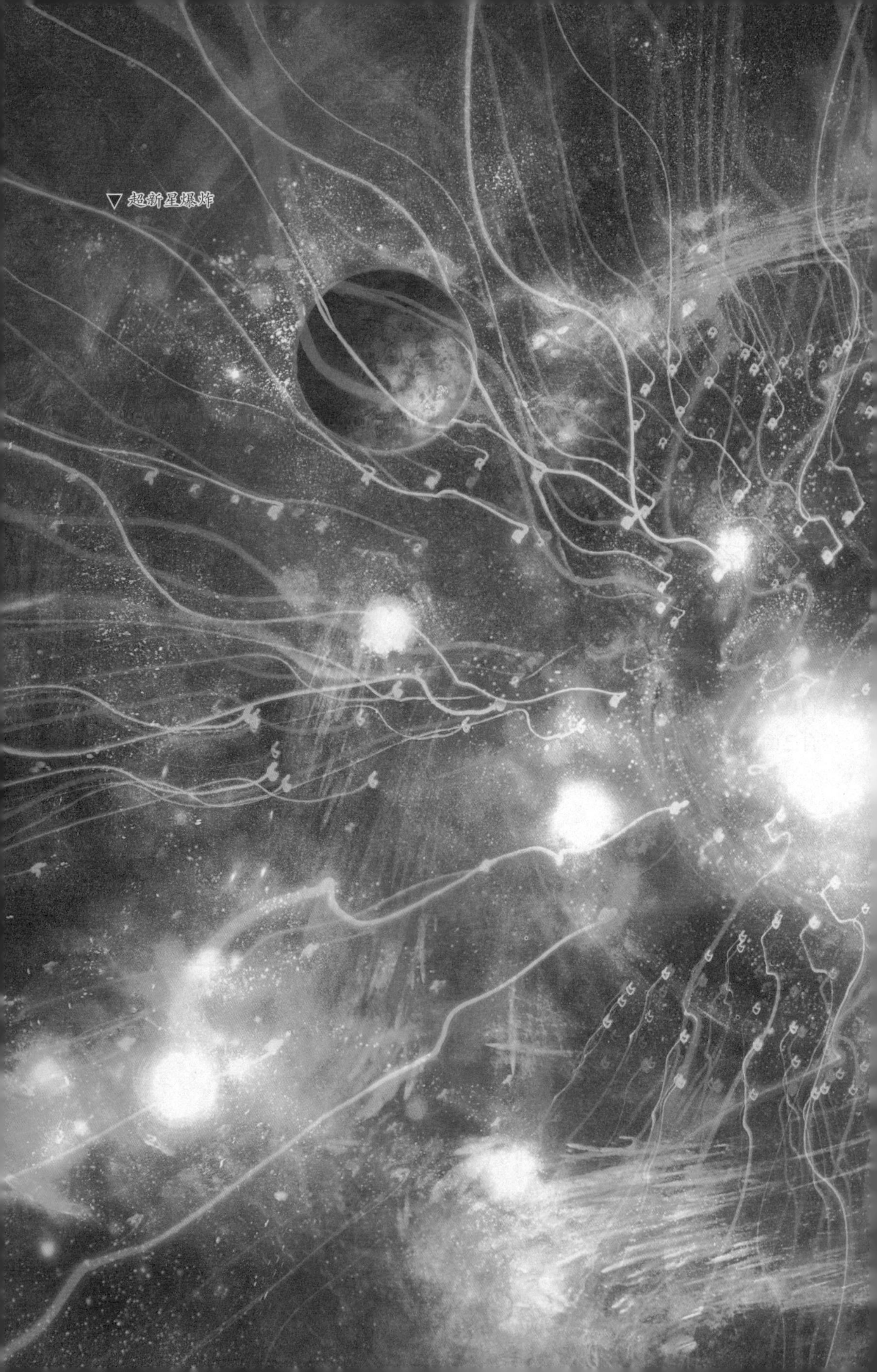

▽ 超新星爆炸

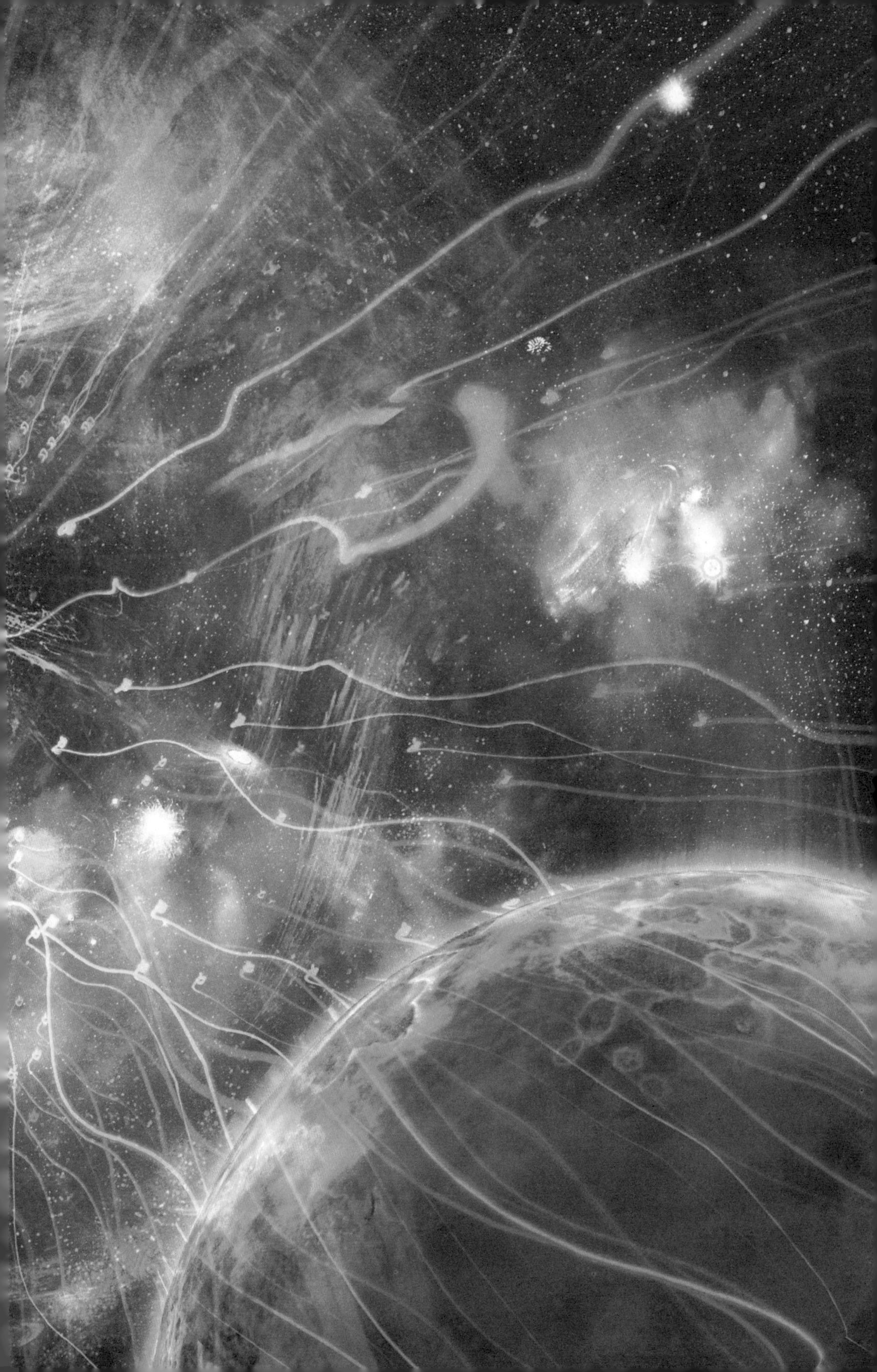

## 红巨星

当一颗恒星度过它漫长的青壮年期——主序星阶段，步入老年期时，它将首先变为一颗红巨星。红巨星是恒星燃烧到后期所经历的一个较短的不稳定阶段，根据恒星质量的不同，历时只有数百万年不等，这是恒星几十亿年甚至上百亿年的稳定期相比是非常短暂的。红巨星时期的恒星表面温度相对很低，但极为明亮，因为它们的体积非常巨大。在赫罗图上，红巨星是巨大的非主序星，光谱属于K型或M型。所以被称为红巨星是因为看起来的颜色是红的，体积又很巨大的缘故。金牛座的毕宿五和牧夫座的大角星都是红巨星。

# 白矮星

白矮星，又称为简并矮星，是由电子简并物质构成的小恒星。它们的密度极高，一颗质量与太阳相当的白矮星体积只有地球一般的大小，微弱的光度则来自过去储存的热能。在太阳附近的区域内已知的恒星中大约有 6% 是白矮星。这种异常微弱的白矮星大约在 1910 年就被亨利·诺瑞斯·罗素、艾德华·查尔斯·皮克林和威廉·佛莱明等人注意到。白矮星的名字是威廉·鲁伊登在 1922 年取的。白矮星被认为是低质量恒星演化阶段的最终产物，在我们所属的星系内 97% 的恒星都属于这一类。

恒星在演化后期，抛射出大量的物质，经过大量的质量损失后，如果剩下的核的质量小于 1.44 个太阳质量，这颗恒星便可能演化成为白矮星。对白矮星的形成也有人认为，白矮星的前身可能是行星状星云（是宇宙中由高温气体、少量尘埃等组成的环状或圆盘状的物质，它的中心通常都有一个温度很高的恒星——中心星）的中心星，它的核能源已经基本耗尽，整个星体开始慢慢冷却、晶化，直至最后“死亡”。

中低质量的恒星在度过生命期的主序星阶段，结束以氢融合反应之后，将在核心进行氦融合，将氦燃烧成碳和氧的 3 氦过程，并膨胀成为一颗红巨星。如果红巨星没有足够的质量产生能够让碳燃烧的更高温度，碳和氧就会在核心堆积起来。在散发出外面数层的气体成为行星状星云之后，留下来的只有核心的部分，这个残骸最终将成为白矮星。因此，白矮星通常都由碳和氧组成。但也有可能核心的温度可以达到燃烧碳却仍不足以燃烧氖的高温，这时就能形成核心由氧、氖和镁组成的白矮星。同样的，有些由氦组成的白矮星是由联星的质量损失造成的。

白矮星的内部不再有物质进行核融合反应，因此恒星不再有能量产生，也不再由核融合的热来抵抗重力崩溃，它是由极端高密度的物质产生的电子简并压力来支撑。物理学上，对一颗没有自转的白矮星，电子简并压力能够支撑的最大质量是1.44倍太阳质量，达到后，它将坍缩为一个黑洞（钱德拉塞卡极限）。许多碳氧白矮星的质量都接近这个极限的质量，通常经由伴星的质量传递，可能经由所知道的碳引爆过程爆炸成为一颗Ia超新星。

白矮星形成时的温度非常高，但是因为没有能量的来源，因此将会逐渐释放它

▼ 黑洞撕裂行星

### γ 射线暴

γ 射线暴简称为“γ 暴”，是宇宙中 γ 射线突然增强的一种现象。γ 射线是波长小于 0.01nm（纳米）的电磁波，是比 X 射线能量还高的一种辐射，γ 射线暴的能量非常高，所释放的能量甚至可以和宇宙大爆炸相提并论，但是持续时间很短，长得一般为几十秒，短的只有十分之几秒，而且它的亮度变化也是复杂而且无规律的。

γ 射线暴可以分为两种截然不同的类型，长久以来，天文学家们一直怀疑它们是由两种不同的原因产生的。更常见的长 γ 暴（持续 2s 到几分钟不等）差不多已经被解释清楚了。

γ 射线暴的能源机制至今依然远未解决，这也是 γ 射线暴研究的核心问题。随着技术的进步，人类对宇宙的认识也将更加深入，很多现在看来还是个谜的问题也许未来就会被解决，探索宇宙的奥秘不但是人类追求科学进步的必要，这些谜团地解开也终将会使人类自身受益。

的热量并且逐渐变冷（温度降低），这意味着它的辐射会从最初的高色温随着时间逐渐减小并且转变成红色。经过漫长的时间，白矮星的温度将冷却到光度不再能被看见，而成为冷的黑矮星。但是，现在的宇宙仍然太年轻（大约 137 亿岁），即使是最年老的白矮星依然辐射出数千开 [ 尔文 ]（K）的温度，还不可能有黑矮星的存在。

## 时空扭曲暴露黑洞的秘密

恒星的时空扭曲改变了光线的路径，使之和原先没有恒星情况下的路径不一样。光在恒星表面附近稍微向内偏折，在日食时观察远处恒星发出的光线，可以看到这种偏折现象。当该恒星向内坍陷时，其质量导致的时空扭曲变得很强，光线向内偏折得也更强，从而使得光线从恒星逃逸变得更为困难。对于在远处的观察者而言，光线变得更黯淡更红。最后，当这恒星收缩到某一临界半径（史瓦西半径）时，其质量导致时空扭曲变得如此之强，使得光向内偏折得这么也如此之强，以至于光线再也逃逸不出去 。这样，如果光都逃逸不出来，其他东西更不可能逃逸，都会被拉回去。也就是说，存在一个事件的集合或时空区域，光或任何东西都不可能从该区域逃逸而到达远处的观察者，这样的区域称作黑洞。将其边界称作事件视界，它和刚好不能从黑洞逃逸的光线的轨迹相重合。

与别的天体相比，黑洞十分特殊。人们无法直接观察到它，科学家也只能对它内部结构提出各种猜想。而使得黑洞把自己隐藏起来的原因即是弯曲的时空。根据广义相对论，时空会在引力场作用下弯曲。这时候，光虽然仍然沿任意两点间的最短光程传播，但相对而言它已弯曲。在经过大密度的天体时，时空会弯曲，光也就偏离了原来的方向。

在地球上，由于引力场作用很小，时空的扭曲是微乎其微的。而在黑洞周围，时空的这种变形非常大。这样，即使是被黑洞挡着的恒星发出的光，虽然有一部分会落入黑洞中消失，可另一部分光线会通过弯曲的空间中绕过黑洞而到达地球。观察到黑洞背面的星空，就像黑洞不存在一样，这就是黑洞的隐身术。

▼ 黑洞撕裂行星

更有趣的是，有些恒星不仅是朝着地球发出的光能直接到达地球，它朝其他方向发射的光也可能被附近的黑洞的强引力折射而能到达地球。这样我们不仅能看见这颗恒星的“脸”，还同时看到它的“侧面”、甚至“后背”，这是宇宙中的“引力透镜”效应。

根据研究我们所居住银河系的中心部位，所有银河系的恒星都围绕银心部位可能存在的一个超大质量黑洞公转。据美国太空网报道，一项新的研究显示，宇宙中最大质量的黑洞开始快速成长的时期可能比科学家原先的估计更早，并且现在仍在加速成长。

一个来自以色列特拉维夫大学的天文学家小组发现，宇宙中最大质量黑洞的首次快速成长期出现在宇宙年龄约为 12 亿年时，而非之前认为的 20 ~ 40 亿年。天文学家们估计宇宙目前的年龄约为 136 亿年。同时，这项研究还发现宇宙中最古老、质量最大的黑洞同样具有非常快速地成长。

## 事件视界

事件视界是一种时空的曲隔界线。视界中任何的事件皆无法对视界外的观察者产生影响。在黑洞周围的便是事件视界。在非常巨大的引力影响下，黑洞附近的逃逸速度大于光速，使得任何光线皆不可能从事件视界内部逃脱。根据广义相对论，在远离视界的外部观察者眼中，任何从视界外部接近视界的物件，将须要用无限长的时间到达视界面，其影像会经历无止境逐渐增强的红移；但该物件本身却不会感到任何异常，并会在有限时间之内穿过视界。

# 2.3 黑洞的物理性质

## 引言

黑洞牵扯着人类的神经，因为人们认为它也许是结束宇宙的恶魔，科学的研究有时出于兴趣，但有时也是源于恐惧，因为人们实在想了解可能毁灭世界的原因，而黑洞的被发现正让两种情绪得到了很好的结合并产生出了巨大的研究热情。

## 史瓦西半径

根据爱因斯坦的广义相对论，黑洞是可以预测的。他们发生于史瓦西度量。这是由卡尔·史瓦西于1915年发现的爱因斯坦方程的最简单解。根据史瓦西半径，如

▼ 黑洞像个恶魔吞噬着靠近它的一切

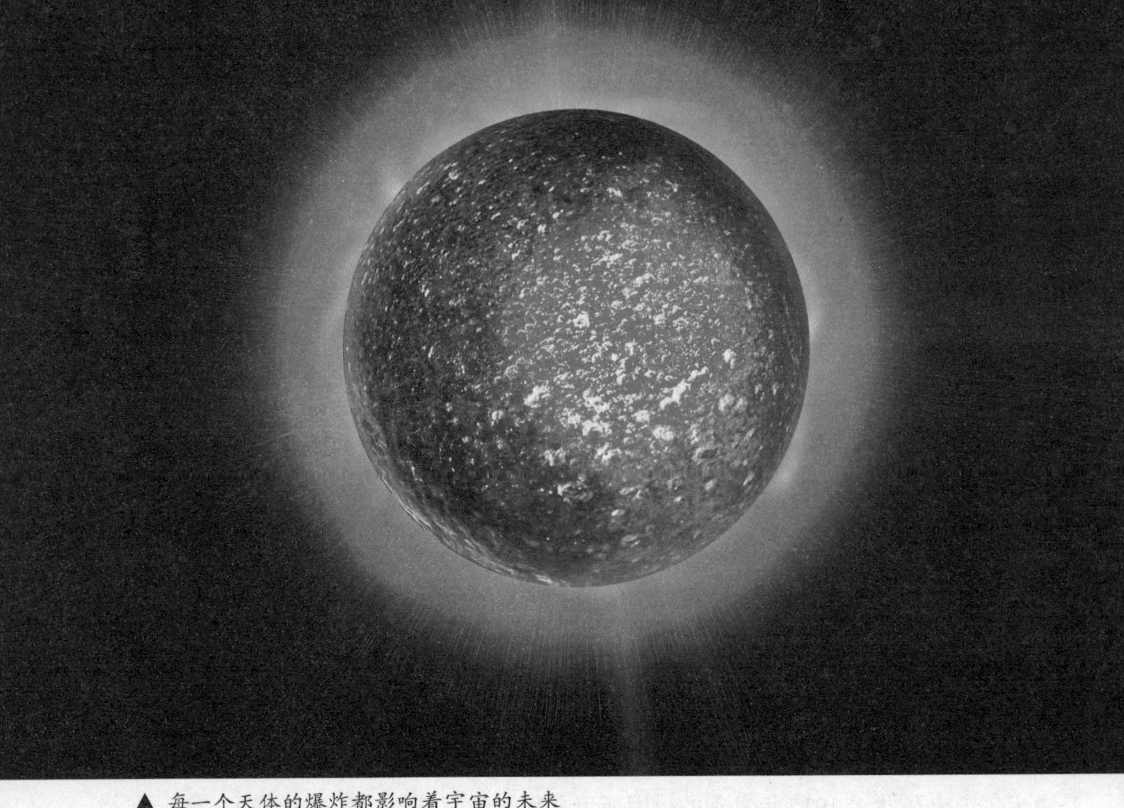

▲ 每一个天体的爆炸都影响着宇宙的未来

果一个重力天体的半径小于史瓦西半径，天体将会发生坍塌。在这个半径以下的天体，其间的时空弯曲得如此厉害，以至于其发射的所有射线，无论是来自什么方向的，都将被吸引入这个天体的中心。因为相对论指出任何物质都不可能超越光速，在史瓦西半径以下的天体的任何物质——包括重力天体的组成物质——都将坍陷于中心部分。一个有理论上无限密度组成的点组成重力奇点。由于在史瓦西半径内连光线都不能逃出黑洞，所以一个典型的黑洞确实是“黑”的。

小于史瓦西半径的天体被称为黑洞（又称史瓦西黑洞）。在不自转的黑洞上，史瓦西半径所形成的球面组成一个视界。（自转的黑洞的情况稍有不同）光和粒子均无法逃离这个球面。银河系中心的超大质量黑洞的史瓦西半径约为 780 万千米。一个平均密度等于临界密度的球体的史瓦西半径等于我们的可观察宇宙的半径。

当大质量天体演化末期，其坍缩核心的质量超过太阳质量的 3.2 倍时，由于没有能够对抗引力的斥力，核心坍塌将无限进行下去，从而形成黑洞。（核心小于 1.4 个太阳质量的，会变成白矮星；介于两者之间的，形成中子星）。天文学的观测表明，在绝大部分星系的中心，包括银河系，都存在超大质量黑洞，它们的质量从数百万个直到数百亿个太阳。

知识
链接

## 柯西视界

相对论思想的核心是因果性，即事件相互影响的方式。一个“事件”是时空中的一个“点”，即一定时刻的一个空间位置。假如信号在原则上能以光速或更低的速度从一个事件到达另一个事件，那么它就可以影响那个事件。

试想一下，我们考虑时空在某个时刻的所有点，也就是考虑某个常数时间曲面。在相对论数学中，那些受我们的常数时间曲面影响的时空点叫作那个常数时间曲面的“柯西发展”（以法国数学家柯西 <1789—1857> 的名字命名的）。在某种意义上，这些点回答了这样一个问题：来自常数时间曲面上的信息会发展成为什么？

正常的希望是，这个曲面的所有未来点都处在它的柯西发展区域。但是，正如英国天体物理学家斯蒂芬·威廉·霍金（1942 年生）在他的文章里讲的，存在不是这种情况的时空，在那些时空中，存在着不完全决定未来所有区域的常数时间面。霍金为这样的时空引进“柯西视界”，意思是能被确定的区域的边界。正如他指出的，柯西视界出现在爱因斯坦方程中的某些黑洞解中。他还证明，如果时空包含一个闭合类时曲线的区域，那么在一定条件下，柯西视界是必然的。

柯西视界有别于黑洞的视界。不过，两种视界都具有把时空分为两个不同区域的性质。

▶ 现在人们都认为大爆炸理论是解释宇宙形成的最佳答案

## 黑洞的表面引力

表面引力就是将物体放在视界处（若黑洞旋转就认为物体与视界一起旋转，与视界相对静止）受到的引力场强度。一个系统存在熵就存在温度，在视界面积与熵成正比的前提下容易证明表面引力与温度成正比。极端黑洞证明它们的表面引力为零，也就是说，极端黑洞是绝对零度的黑洞。

史瓦西半径由下面式子给出：

公式：$R_s=2Gm/c^2$

$G$是万有引力常数，$m$是天体的质量，$c$是光速。对于一个与地球质量相等的天体，其史瓦西半径仅有 9mm。

## 温 度

就辐射谱而言，黑洞与有温度的物体完全一样，而黑洞所对应的温度，则正比于黑洞视界的引力强度。换句话说，黑洞的温度取决于它的大小。

若黑洞只比太阳的几倍重，它的温度大约只比热力学温度 0K 开 [ 尔文 ]( 旧称“绝对零度”）高出亿分之一开 [ 尔文 ]，而更大的黑洞温度更低。因此这类黑洞所发出的量子辐射，一律会被大爆炸所留下的 2.7K 辐射（宇宙背景辐射）完全淹没。

## 光子球

光子球是个零厚度的球状边界。在此边界所在位置上，黑洞的引力所造成的重力加速度，刚好使得部分光子以圆形轨道围着黑洞旋转。对于非旋转的黑洞来说，光子球大约是史瓦西半径的 1.5 倍。这个轨道不是稳定的，随时会因为黑洞的成长而变动。

## 参考系拖曳圈

参考系拖曳圈，转动状态的质量会对其周围的时空产生拖拽的现象，这种现象被称作参考系拖拽。旋转黑洞才有参考系拖曳圈，也就是黑洞南北极与赤道在时空效应上有所不同，这会产生一些奇妙的效应来让我们有机会断定其实实在在是一颗黑洞的特征之一。

观测者可以利用光圈效应及参考系拖曳圈，观测进入或脱离黑洞的光子的运动，透过间接的手段，例如，粒子含量的分布及 Penrose Process（旋转黑洞的能量拉出过程），来间接了解其引力的分布，透过引力的分布重新建立出其参考系拖曳圈。这种观测方式，只有双星以上的系统才能够进行这样的观测。

## 热力学四定律

贝肯斯坦和斯马尔各自独立发现了黑洞各参量之间的一个重要关系式，发现黑洞的静止能、转动动能，电势能三者之间存在相互转化关系。这一公式与热力学第一定律表达式非常相似，而且表达的内容也是能量守恒定律，这一公式被称为黑洞力学第一定律。在热力学中我们知道，并不是所有满足能量守恒的过程都可以实现，只有同时满足第二定律：封闭系统的熵不能减少这一条件才可以实现。熵增原理是一条与能量守恒有同等地位的物理学原理，实践证明，只要忽略这一原理就会不可避免的遭到失败。1971 年，霍金在不考虑量子效应、宇宙监督假设和强能量条件成立的前提下证明了面积定理：黑洞的表面积在顺时针方向永不减少，真实的时空都满足强能条件，即时空的应力不能太小，由一个公式描述。两个黑洞合并为一个黑洞面积增大，因此可以实现。但一个黑洞分裂为两个黑洞，面积减小，因此即使满足能量守恒也是不可能实现的。在面积定理约束下，两个等质量黑洞合并，若面积不变可以放出约 30% 的黑洞能量，面积定理很容易使物理学家们联想到第二定律的熵，它是唯一显示时间箭头的物理定律。贝肯斯坦等人通过黑洞的微观分析，认为黑洞的确存在与面积成正比的熵，面积定理是热力学第二定律在黑洞力学中的具体体现。

热力学第三定律告诉我们，不能通过有限次操作把温度降到热力学温度 0K。因此可以存在黑洞力学第三定律：不能通过有限次操作把一个非极端黑洞转变为极端黑洞，它与彭若斯的宇宙监督假设是等价的，它是一条独立于第一定律与第二定律的公理。

热力学还有个第零定律：如果物体 A 与 B 达到热平衡，B 与 C 达到热平衡，则 A 与 C 也一定达到热平衡，如果类比正确，应该指望黑洞存在一条类似的第零定律。目前已经证明稳态黑洞表面引力是一个常数，人们把这一结论称为黑洞力学第零定律。

因此，黑洞表面引力相当于温度，表面积相当于熵，如果是真温度，黑洞就是个热力学系统，应该存在热辐射，但通常对黑洞的理解是一个只进不出的天体，不会有热辐射。因此 1973 年前霍金等人强调，黑洞温度并不应该看作真正的温度，因

▼ 黑洞有着巨大的引力，就连光也无法逃脱

此上述定律没有被称为黑洞力学定律。然而 1973 年霍金发现，黑洞存在热辐射，上述四定律的确就是热力学四定律。

## 结构特性

目前公认的理论认为，黑洞只有三个物理量可以测量到：质量、电荷、角动量。也就是说：对于一个黑洞，一旦这三个物理量确定下来了，这个黑洞的特性也就唯一地确定了，这称为黑洞的无毛定理，或称作黑洞的唯一性定理。但是这个定理却只是限制了经典理论，没有否认可能有其他量子荷的存在，所以黑洞可以和大域单极或是宇宙弦共同存在，而带有大域量子荷。黑洞具有潮汐力，越小的黑洞潮汐力越大，反之，越大的黑洞潮汐力越小，旋转的黑洞有内视界和外视界，并会有一个奇异环，一切越过视界的东西最终都会落向奇点，越大的黑洞从视界到奇点所花的时间越长。

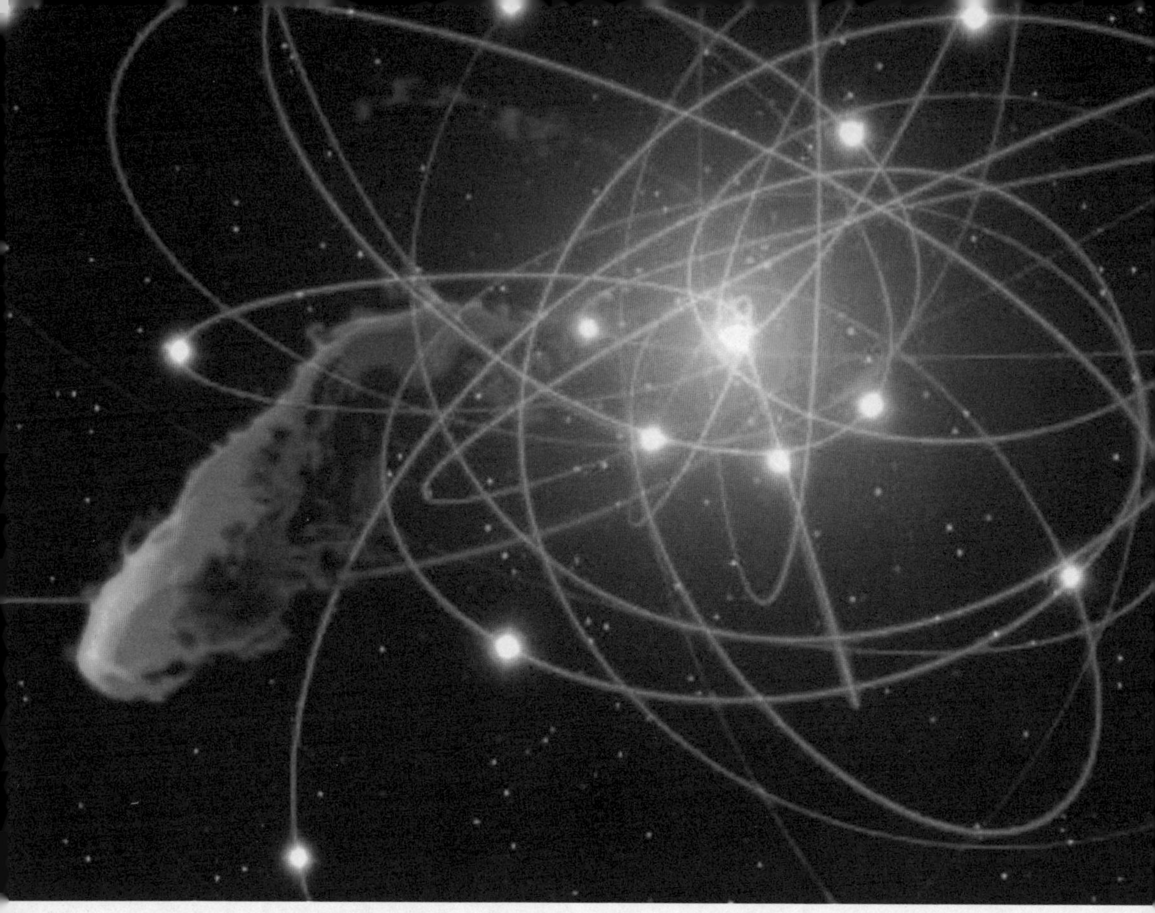

▲ 一个星云正在靠近位于银河系中央的黑洞并将被其吞噬

# 2.4 黑洞的演化过程

## 引言

黑洞是经过什么样的途径到了它如今的状态？它又具有怎样神奇的力量？对于它神秘的可以穿越时空的传说可以变为现实吗？接下来就看一下黑洞形成的神奇之旅。

## 黑洞的吸积

黑洞通常是因为它们聚拢周围的气体产生辐射而被发现的，这一过程被称为吸积。高温气体辐射热能的效率会严重影响吸积流的几何与动力学特性。目前观测到了辐射效率较高的薄盘以及辐射效率较低的厚盘。当吸积气体接近中央黑洞时，它们产生的辐射对黑洞的自转以及视界的存在极为敏感。对吸积黑洞光度和光谱的分析为旋转黑洞和视界的存在提供了强有力的证据。数值模拟也显示吸积黑洞经常出现相对论喷流也部分是由黑洞的自转所驱动的。

天体物理学家用“吸积”这个词来描述物质向中央引力体或者是中央延展物质系统的流动。吸积是天体物理中最普遍的过程之一，而且也正是因为吸积才形成了我们周围许多常见的结构。在宇宙早期，当气体朝由暗物质造成的引力势阱中心流动时形成了星系。即使到了今天，恒星依然是由气体云在其自身引力作用下坍缩碎裂，进而通过吸积周围气体而形成的。行星（包括地球）也是在新形成的恒星周围通过气体和岩石的聚集而形成的。但是当中央天体是一个黑洞时，吸积就会展现出它最为壮观的一面。然而黑洞并不是什么都吸收的，它也往外边散发质了。

## 黑洞的蒸发

由于黑洞的密度极大，根据公式我们可以知道密度 = 质量 ÷ 体积，为了让黑洞密度无限大，那就说明黑洞的体积要无限小，然后质量要无限大，这样才能成为黑洞。黑洞是由一些恒星“灭亡”后所形成的死星，他的质量很大，体积很小。但是问题就产生了，黑洞会一直存在吗？答案是错误的，黑洞也有灭亡的那天，由于黑洞无限吸引，但是总会有质子逃脱黑洞的束缚，这样日积月累，黑洞就慢慢地蒸发，到

知识链接

### 彭若斯宇宙监督假设

存在一个宇宙监督，它禁止裸奇异的出现。只要把奇点用视界包起来，它发出的不确定信息就不会跑出黑洞，因此不会影响宇宙的演化。但是在内视界内部，进入黑洞的人仍可能看到奇点，仍会受它们的奇异性的影响。彭若斯改进他的宇宙监督假设，认为内视界内部的时空是不稳定的，在微扰下它会“倒”在内视界上阻止飞船进入这类区域。

了最后就成为白矮星，或者就爆炸，它爆炸所产生的冲击波足以让地球毁灭 1018 万亿次以上。科学家经常用天文望远镜观看黑洞爆炸的画面。它爆炸所形成的尘埃是形成恒星的必要物质，这样就能初步解决太阳系形成的答案了。

## 黑洞的毁灭

黑洞会发出耀眼的光芒，体积会缩小，甚至会爆炸。当英国物理学家斯蒂芬·威廉·霍金于 1974 年做此预言时，整个科学界为之震动。霍金的理论是受灵感支配的思维的飞跃，他结合了广义相对论和量子理论。他发现黑洞周围的引力场释放出能量，同时消耗黑洞的能量和质量。我们可以认定一对粒子会在任何时刻、任何地点被创生，被创生的粒子就是正粒子与反粒子，而如果这一创生过程发生在黑洞附近的话就会有两种情况发生：两粒子湮灭、一个粒子被吸入黑洞。“一个粒子被吸入黑洞”这一情况：在黑洞附近创生的一对粒子其中一个反粒子会被吸入黑洞，而正粒子会逃逸，由于能量不能凭空创生，我们设反粒子携带负能量，正粒子携带正能量，而反粒子的所有运动过程可以视为是一个正粒子的为之相反的运动过程，如一个反粒子被吸入黑洞可视为一个正粒子从黑洞逃逸。这一情况就是一个携带着从黑洞里来的正能量的粒子逃逸了，即黑洞的总能量少了，而爱因斯坦的公式 $E=mc^2$ 表明，能量的损失会导致质量的损失。当黑洞的质量越来越小时，它的温度会越来越高。这样，当黑洞损失质量时，它的温度和发射率增加，因而它的质量损失得更快。这种“霍金辐射”对大多数黑洞来说可以忽略不计，因为大黑洞辐射得比较慢，而小黑洞则以极高的速度辐射能量，直到黑洞的爆炸。

# 2.5 几种不同类型的黑洞

## 引言

按组成来划分，黑洞可以分为两大类。一类是暗能量黑洞，另一类是物理黑洞。暗能量黑洞是星系形成的基础，也是星团、星系团形成的基础。物理黑洞是由一颗或多颗天体坍缩形成，具有巨大的质量。它的比起暗能量黑洞来说体积非常小，它甚至可以缩小到一个奇点。

## 旋转黑洞

旋转黑洞又称克尔黑洞，它有两个视界和两个无限红移面，而且这四个面并不重合。视界才是黑洞的边界，是指任何物质（经典物理范围内）都无法逃脱的边界。无限红移

▼ 跟离地球 1500 光年的一岩石行星被它所环绕的一恒星气化

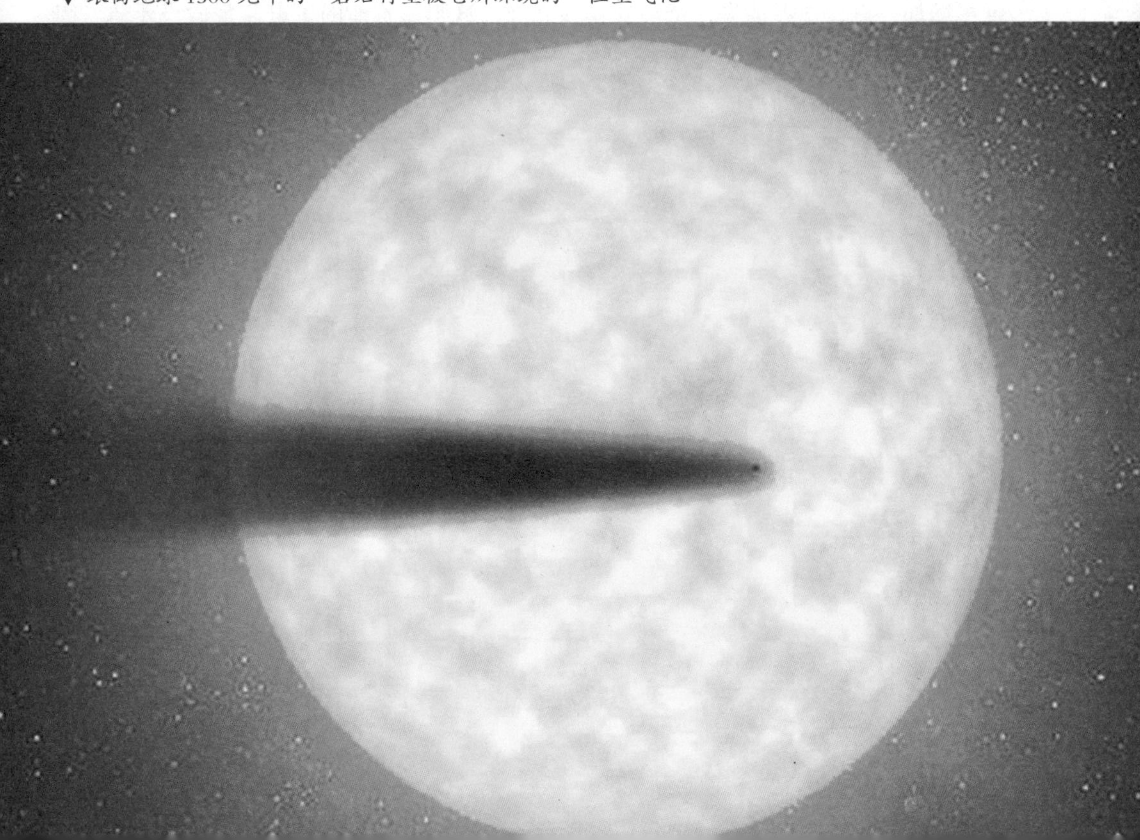

面是指光在这个面上发生无限红移，即光从一个边界射出后发生引力红移，红移后的频率为零。这一边界就是无限红移面。先前没有提到是因为史瓦西黑洞和带电黑洞的视界和无限红移面是重合的，但是克尔黑洞并不重合，两个无限红移面分别在内视界内部和外视界外部，它们与视界所围成的空间分别叫作内能层和外能层。

## 特 性

在一定条件下，外能层中的物质可能穿出无限红移面进入外部世界。彭若斯证明在特定条件下，能量较低的粒子穿入能层后，可能从能层中获得能量，穿出时有较高的能量。这就是彭若斯过程。通过此过程反复操作可以提取黑洞的能量，使能层变薄。这些能量是黑洞的转动动能。能层变薄，黑洞转动动能减少。当能层消失后，克尔黑洞退化为不旋转的施瓦西黑洞，因此不能再继续以这种方式提取能量了。克尔黑洞中的中心奇异区不是一个点，而是一个奇环——由奇点围成的一条圆圈线。

## 极端克尔黑洞

当黑洞旋转速度加快，内外视界可能合二为一，称为极端克尔黑洞。当旋转速度再增加一点，视界消失，奇环裸露在外面，这与彭若斯的宇宙监督假设矛盾。因此在这一前提下，黑洞的转速是有限制的。当外部飞船飞入克尔黑洞时，会不可抗拒地穿过内外视界间的区域，进入内视界内部后可以在其中运动而不一定落在奇环上。而且飞船可以从这里进入其他宇宙，从另一个宇宙的白洞出来。这就是克尔黑洞预言的可穿越虫洞。可是宇宙监督认为内视界内部区域不稳定，飞船可能还没有到达这个区域就已经撞向奇环了。因此宇宙监督不仅不允许我们的宇宙受奇异性的干扰，似乎也封住了一切可穿越虫洞的入口，不允许我们去发现另一个宇宙。

## 推 广

纽曼等人把克尔解推广到带电情况，得到了一般黑洞解。由于一般黑洞与克尔黑洞结构相似，主要性质和一些主要现象都非常类似，因此不多做讲解。米斯纳从彭若斯过程中得到启发，认为彭若斯过程没有设定物体的大小。若物体是个基本粒子，就与激光的超辐射原理非常相似。这是受激辐射。爱因斯坦研究原子发光时，提出过存在受激辐射的同时一定存在自发辐射，通俗点讲就是原子发光。因此米斯纳提出黑洞存在自发辐射。后来研究表明，黑洞的确可以通过量子隧道效应辐射粒子，这部分粒子将带走黑洞的能量，角动量和电荷。最终克尔黑洞，R–N 黑洞和一般黑洞退化为施瓦西黑洞。施瓦西黑洞似乎仍是一颗只进不出的僵死的星，仍是恒星的最终归宿。然而霍金打破了僵局，发现了一切黑洞 ( 包括施瓦西黑洞 ) 的共同性质，施瓦西黑洞仍是不断演化的。

## 作　用

科学家们观测到代号为 GRO J1655 — 40 的旋转黑洞附近的时空受到黑洞影响发生的凹陷现象，这将有助于科学家们测量黑洞的质量和旋转，从而完整的描述黑洞。

最近，科学家们利用 NASA 的罗西 X 射线定时探测器对该黑洞进行了总时间达到 550h 的观测，并与 1996 年的观测数据进行了比较，发现这两次 X 射线谱完全一样，黑洞附近区域引力场很强，能够发射出一定频率的辐射。相隔 9 年的两次观测结果一致说明在现象背后有一个基本理论在起作用，这就是爱因斯坦预言的且非常罕见的时空弯曲。麻省理工学院卡夫利天体物理与太空研究所的杰瑞·霍曼和密歇根大学、荷兰阿姆斯特丹大学的科学家们在华盛顿召开的美国天文学会年会上宣布了他们的这项研究结果。

研究小组观测了代号为 GRO J1655 — 40 的黑洞附近 100km 的区域，那里的物质相对稳定的围绕黑洞旋转，并以固定的频率做一些小的扰动，这是黑洞扭曲它附近的时空造成的。该黑洞系统的伴星的气体被黑洞吸引落入黑洞，在这个过程中温度逐渐升高，发射出 X 射线。

在长时间的观测中科学家们发现了 X 射线频率的涨落，这种现象称为准周期震荡。GRO J1655 — 40 附近的 X 射线振荡频率从 300Hz 到 450Hz 不等。9 年前的观测估计 GRO J1655 — 40 的质量大约是太阳质量的 6.5 倍。

“X 射线的频率由黑洞的质量和转动速度决定。”米勒说，“对黑洞质量和旋转的测量很困难，但是幸运的是我们已经对黑洞的质量有了一个估计，通过物质接近黑洞边缘的运动行为，我们也能得到黑洞的旋转速度。所以，这是人类首次能够完整地描述一个黑洞的性质。”

## 研究成果

克尔在史瓦西解的基础上，让这个黑洞模型旋转起来，从而得到了克尔解所描述的黑洞。别小看这个旋转，在黑洞强大的引力下，不仅仅要考虑旋转引起的离心现象，还要考虑黑洞对外部时空的拖曳、对内部时空的扰动，以及相应的黑洞结构的改变和从而产生的影响。因此，克尔黑洞的结构比史瓦西黑洞复杂了许多。

### 旋转黑洞的原理

在旋转黑洞的最外层，由于旋转会产生对周围时空的拖曳效应（伦斯－梯林效应），存在着一个判断物体是否可以静止于时空中的静止界面。静止界面外的物体，可以通过推进器等装置在被拖曳的时空旋涡中相对于极远处的观测者静止不动，而在静止界面内，可以断定，物体一定会被黑洞的强大引力拖动，开始旋转。在这个界面内部，和史瓦西黑洞一样存在着视界，但是要比史瓦西视界更加复杂，因为在这里，视界分为两个：内视界和外视界。外视界是物体能否与外界通讯的分界面，而内视界是奇点的奇异性质能否影响外界的分界面。也就是说，进入外视界的物体，必定会被吸入奇点，然后被摧毁，但是还可以在达到内视界以前享受一段相对“安宁”的日子，而一旦进入了内视界，那么任何物体都会在内视界中奇点奇异性质的面前屈服，在达到奇点以前便被摧残殆尽。在外视界和静止界面之间，有一个相对十分广阔的区域，叫“能层”。在能层中蕴藏着黑洞旋转时的旋转能。从理论上，可以在静止界面外建立一个空间站，然后利用抛物投射来提取黑洞的旋转能，得到几乎无穷尽的能源。此外，在能层中，由于黑洞旋转带来的拖曳会将时空撕裂，从而产生穿越时空的虫洞。在内视界内部，和史瓦西黑洞一样有一个奇异性质汇聚的地方，但是不像史瓦西黑洞那样是一个奇点，而是一个独特的奇异环，一个充满了量子效应奇异性质的面，安静地平躺在黑洞赤道面上。

## 不旋转带电黑洞

不旋转带电黑洞也称 R–N 黑洞。时空结构于 1916—1918 年由赖斯纳和纳自敦求出。

R–N 黑洞是史瓦西黑洞带电的推广。它不具有角动量，也就是说不旋转。但它是带电的，于是就出现了和史瓦西黑洞不同的结构。史瓦西黑洞只有一个无限红移面和一个视界，但 R–N 黑洞有两个视界（内视界和外视界）。由于不转动所以它们都是球对称的，都有一个奇点。

一般 R-N 黑洞的内外视界保持着一定距离，但如果 R-N 黑洞带电过多它的内视界就是变大。当电荷数大到一定程度时内外视界就会重合，变成极端 R-N 黑洞最终使奇点暴露出来（裸奇点）。不过如果奇点暴露出来会对周围时空释放不确定的信息造成因果律破坏，所以黑洞物理学上是不允许裸奇点的（宇宙监督假设）。

## 双星黑洞

根据科学家计算，一个物体要有 7.9km/s 的速度，就可以不被地球的引力拉回到地面，而在空中绕着地球转圈子了。这个速度，叫第一宇宙速度。如果要想完全摆脱地球引力的束缚，到别的行星上去，至少要有 11.2km/s 的速度，这个速度，叫第二宇宙速度。也可以叫逃脱速度。这个结果是按照地球的质量和半径的大小算出来的。就是说，一个物体要从地面上逃脱出去，起码要有这么大的速度。可是对于别的天

▼ 模拟双星黑洞图

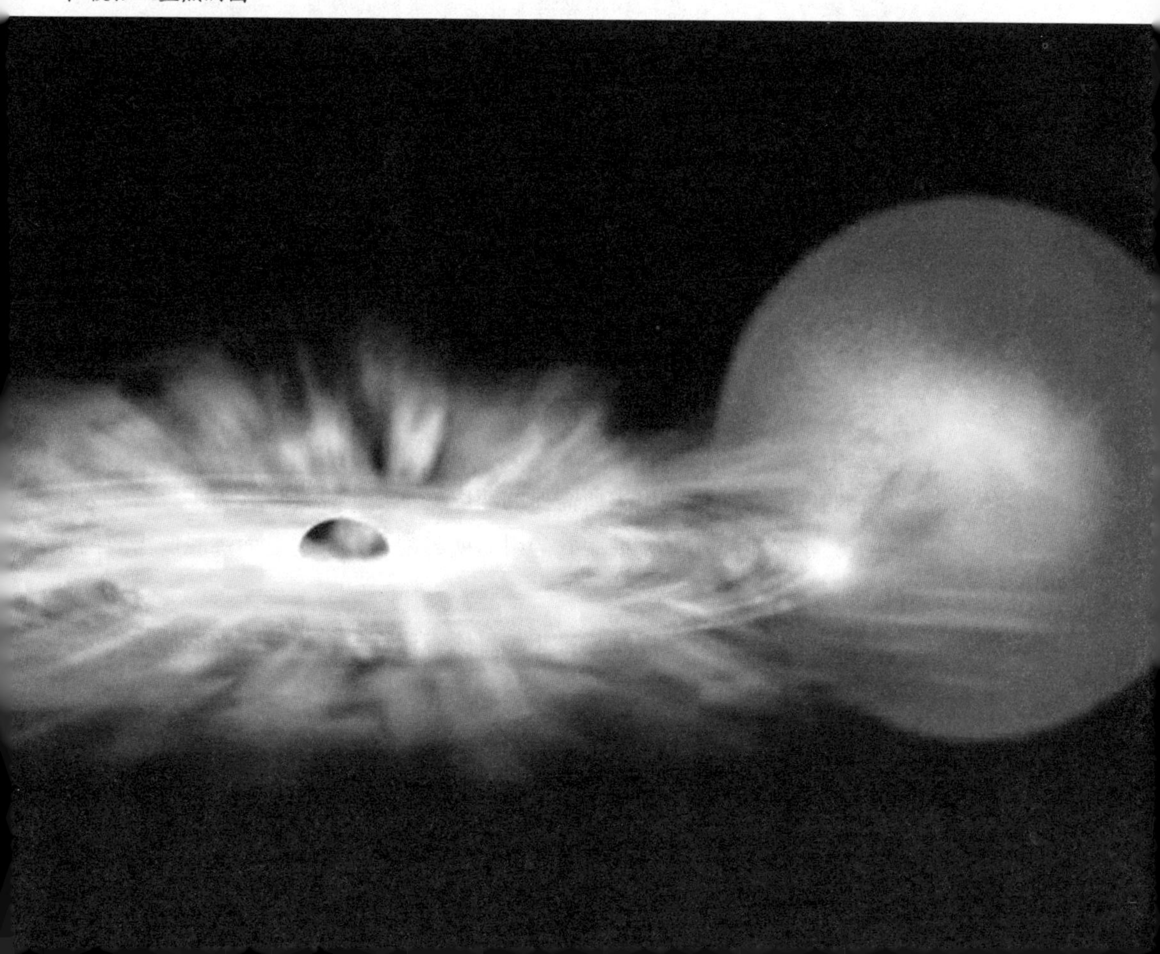

## 双星

双星是由两颗绕着共同的重心旋转的恒星组成。对于其中一颗来说，另一颗就是其“伴星”。相对于其他恒星来说，位置看起来非常靠近。联星一词是由弗里德里希·赫歇尔在1802年所创。根据他的定义，联星系统是由两个星体根据吸引力定律组成的一个系统。联星有多种，一颗恒星围绕另外一颗恒星运动，或者两者互相围绕，并且互相间有引力作用，又称为物理双星；两颗恒星看起来靠得很近，但是实际距离却非常远，这称为光学双星。一般所说的双星，没有特别指明的话，都是指光学双星。根据观测方式不同，通过天文望远镜可以观测到的双星称为目视双星；只有通过分析光谱变化才能辨别的双星称为分光双星。

此外，还有一颗恒星围绕另一颗恒星运动，第三颗恒星又绕他们运动，这称为三合星。依此类推，还有四合星等，这些都称为聚星。近年来天文学家们发现，大部分已知恒星都存在于联星甚至多星系统中。联星对于天体物理尤其重要，因为两颗星的质量可从通过观测旋转轨道确定。这样，很多独立星体的质量也可以推算出来。

著名的联星系统包括天狼星、南河三、大棱五以及天鹅座X—1（其中一个成员很可能是一个黑洞）。

体来说，从它们的表面上逃脱出去所需要的速度就不一定也是这么大了。一个天体的质量越是大，半径越是小，要摆脱它的引力就越困难，从它上面逃脱所需要的速度也就越大。

按照这个道理，我们就可以这样来想：可能有这么一种天体，它的质量很大，而半径又很小，使得从它上面逃脱的速度达到了光的速度那么大。也就是说，这个天体的引力强极了，连每秒钟30万千米的光都被它的引力拉住，跑不出来了。既然这个天体的光跑不出来，我们然谈就看不见它，所以它就是黑的了。

▲ 科学家相信遥远的银河系可能隐藏着很多黑洞

我们知道，太阳现在的半径是70万千米。假如它变成一个黑洞，半径就的大大缩小。缩到多少？只能有3km。地球就更可怜了，它现在半径是6千多千米。假如变成黑洞，半径就的缩小到只有几毫米。哪里会有这么大的压缩机，能把太阳地球缩小的这么！这简直像《天方夜谭》里的神话故事，黑洞这东西实在太离奇古怪了。但是，上面说的这些可不是凭空想象出来的，而是根据严格的科学理论出来的。原来，黑洞也是由晚年的恒星变成的，像质量比较小的恒星，到了晚年，会变成白矮星；质量比较大的会形成中子星。现在我们再加一句，质量更大的恒星，到了晚年，最后就会变成黑洞。所以，总结起来说，白矮星、中子星和黑洞，就是晚年恒星的三种变化结果。

现在，白矮星已经找到了，中子星也找到了，黑洞找到没有？也应该找到的。主要因为黑洞是黑的，要找到它们实在是很困难。特别是那些单个的黑洞，我们现在简直毫无办法。有一种情况下的黑洞比较有希望找到，那就是双星里的黑洞。

双星就是两颗互相饶着转的恒星，虽然我们看不见黑洞，但却能从那颗看得见的恒星的运动路线分析出来。这是什么道理呢？因为，双星中的每一个星都是沿着椭圆形路线运动的，而单颗的恒星不是这样运动。如果我们看到天空中有颗恒星在沿椭圆形路线运动，却看不到它的“同伴”，那就值得仔细研究了。我们可以把那颗星走的椭圆的大小，走完一圈用的时间，都测量出来，有了这些，就可以算出来那个看不见的“同伴”的质量有多大。如果算出来质量很大，超过中子星能有的质量，那就可以进一步证明它是个黑洞了。

在天鹅星座，有一对双星，名叫天鹅座 X-1。这对双星中，一颗是看得见的亮星，另一颗却看不见。根据那可亮星的运动路线。可以算出来它的“同伴”的质量很大，至少有太阳质量的 5 倍。这么大的质量是任何中子星都不可能有的。当然，除这些以外还有别的证据。所以，基本上可以肯定，天鹅座 X-1 中那个看不见的天体就是一个黑洞。这是人类找到的第一个黑洞。

另外，还发现有几对双星的特征也跟天鹅座 X-1 很相似，它们里面也有可能有黑洞。科学家正对它们作进一步的研究。

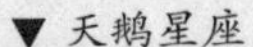

▼ 天鹅星座

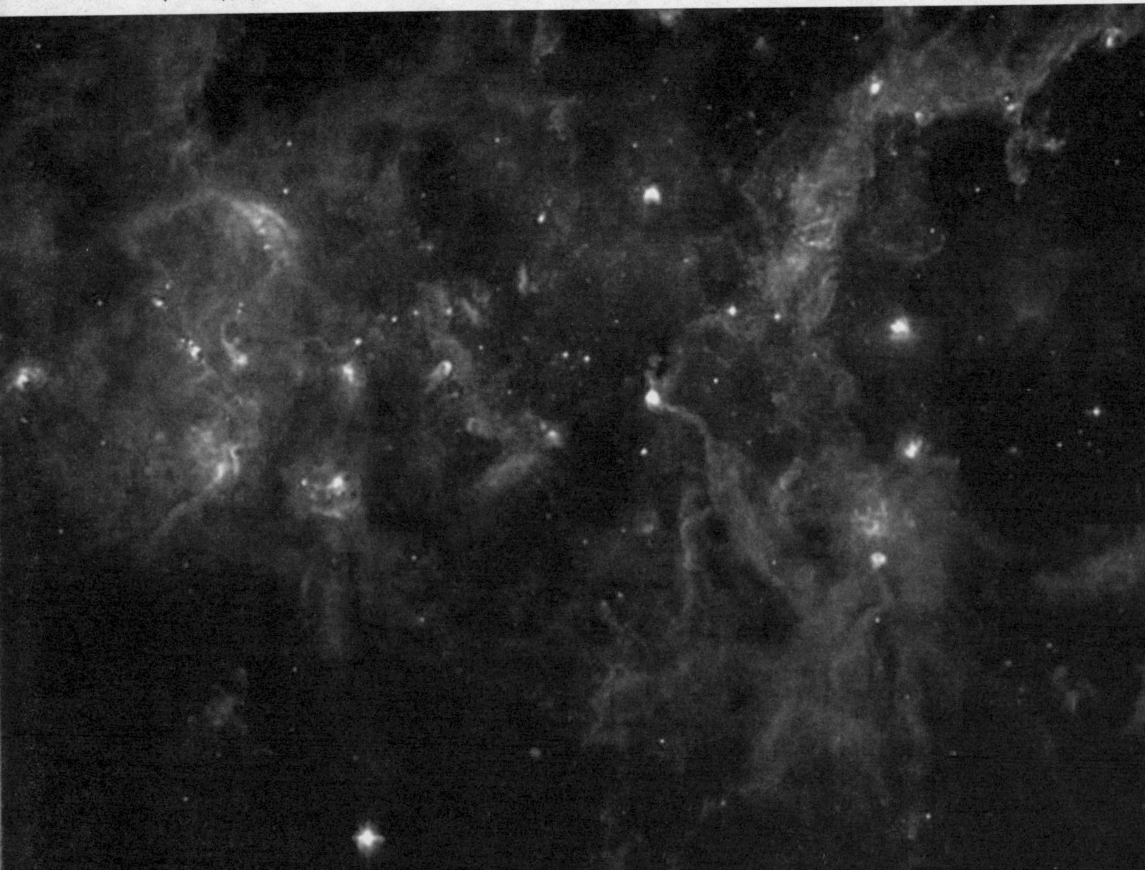

▲ 潮汐力最直观的体现就是大海的潮涨潮落

## 超大质量黑洞

超大质量黑洞是一种黑洞，其质量是 10 ~ 10 万倍的太阳质量。现在一般相信，在所有的星系的银心，包括银河系在内，都会有超大质量黑洞。

超大质量黑洞与其他相对较低质量的黑洞比较下，有一些有趣的区别：超大质量黑洞的平均密度可以很低，甚至比空气的密度还要低。

这是因为史瓦西半径是与其质量成正比，而密度则是与体积成反比。由于球体（如非旋转黑洞的视界）的体积是与半径的立方成正比，而质量差不多以直线增长，体积的增长率则会更大。故此，密度会随黑洞半径的增长而减少。在视界附近的潮汐力会明显的较弱。由于中央引力奇点距离视界很远，若假想一个太空人向黑洞的中央移动时，他不会感受到明显的潮汐力，直至他到达黑洞的深处。

形成超大黑洞的机制最明显的是以缓慢的吸积（由恒星的大小开始）来形成。另一个方法涉及气云萎缩成数十万太阳质量以上的相对论星体。该星体会因其核心产生正负电子对所造成的径向扰动而开始出现不稳定状态，并会直接在没有形成超新星的情况下萎缩成黑洞。第三个方法涉及了正在核坍缩的高密度星团，它那负热容会促使核心的分散速度成为相对论速度。最后是在大爆炸的瞬间从外压制造太初黑洞。

可形成这种超大质量黑洞要具备一定的条件，形成超大质量黑洞的问题在于如何将足够的物质加入在足够细小的体积内。要做到这个情况，差不多要将物质内所有的角动量移走。向外移走角动量的过程就是限制黑洞膨胀的因素，并会导致形成吸积盘。

根据观测，黑洞的类别有着一些差距。一些从恒星塌缩的黑洞，最多约有 10 太阳质量。最小的超大质量黑洞约有数十万太阳质量。但却没有在它们之间质量的黑洞。不过，有模型指异常明亮的 X 射线源有可能是在这个遗失范围的黑洞。

▲ 天文爱好者无时无刻地在观察着宇宙空间的变化

# 2.6 黑洞候选星

## 引言

既然黑洞是有吸积，蒸发与毁灭的过程，那一定有一些星体要经过这些过程来形成黑洞，下面就看看宇宙中有哪些星体可能有这种可怕的命运，最终变成一个“黑暗”的黑洞。

## 银河系中心人马座 A

人马座 A*（简写为 Sgr A*）是位于银河系银心一个非常光亮及致密的无线电波源，大约每 11min 旋转一圈，属于人马座 A 的一部分。人马座 A 很有可能是离我们最近的超重黑洞的所在，因此也被认为是研究黑洞物理的最佳目标。

2008 年 12 月，天文学家们通过观测的数据确认了银河系中央的黑洞“人马座 A*”的质量与太阳质量的倍数关系。研究发现，有一星体 $S_2$ 绕人马座 A* 做椭圆运动，其轨道半长轴为 9.50 ~ 102 天文单位（地球公转轨道的半径为一个天文单位），人马座 A* 就处在该椭圆的一个焦点上。观测得到 $S_2$ 星的运行周期为 15.2 年。

在这场聚焦中，银河系中心的神秘天体人马座 A*，也从距离地球 2.6 万光年的九天之外落入凡间公众的视野。据说，它就是一个黑洞。

据美国科学日报报道，如果人们能够看到射电波，人马座 A* 星系将是天空中最大、最明亮的星体，其亮度是满月的 20 倍。日前，美国国家航空航天局费尔米 γ 射线太空望远镜最新观测结果显示，人马座 A* 星系依偎在一对巨大射电瓣状气体烟雾区中，每个羽状烟雾区长度近 100 万光年，这些气体是由星系中超大质量黑洞所喷射的。

美国海军研究实验室“费尔米”研究小组成员特

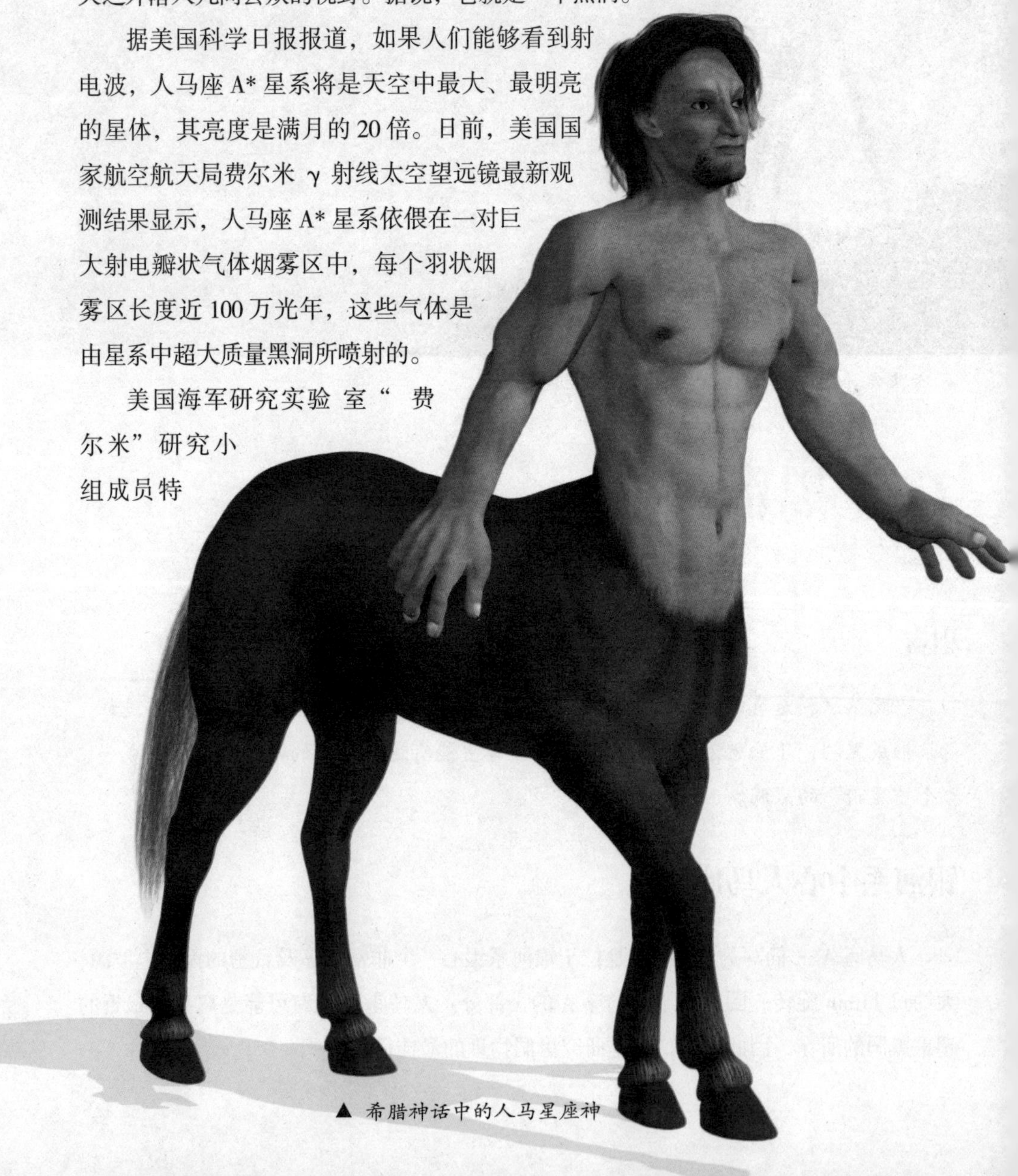

▲ 希腊神话中的人马星座神

迪–切昂格说："目前我们在 γ 射线范围内观测到之前未曾看到的景象，我们不仅看到了延伸的羽状射电瓣状结构，并且发现该区域 γ 射线输出量是其射电输出量的 10 倍之多。我们可以将它称为'γ 射线星系'。"

人马座 A* 星系距离地球 1200 万光年，它是迄今探测到的首个具有宇宙射电来源的星系。法国太空放射线研究中心的朱尔根–克诺德尔塞迪说："射电星系应当是存在着巨大的双瓣射电气体喷射结构围绕在椭圆星系，而人马座 A* 星系就是一个典型的教科书实例！"

天文学家将人马座 A* 星系分类为"活跃星系"，这一名称应用于任何星系中心位置喷射出不同波长范围的强喷射物质。

## 天鹅座 X–1

天鹅座 X–1（Cygnus X–1，缩写为 Cyg X–1），是一个位于天鹅座方向的 X 射线源，是人类发现的第一个黑洞候选天体。天鹅座 X–1 是一颗高质量 X 射线双星，其主星是一颗超巨星，光谱型为 BO，伴星名为 HDE 226868，是一颗 8.9 等的变星。在环境许可的情况下，使用小型双筒望远镜可看见天鹅座 X–1。

前面已介绍天鹅座 X–1 是个双星系统，由一光谱型 O9–BO 的超巨星及一颗致密星组成。超巨星的质量约为 20 ~ 40 倍太阳质量，致密星则具有太阳的 8.7 倍质量。由于中子星的最大质量不多于 3 倍太阳质量，因此该颗致密星普遍被认为是黑洞。X 射线由双星系统内的吸积盘产生，在吸积盘内发生康普顿散射，再被反射向外。天鹅座 X — 1 是天空中持续最久的强力 X 射线源。距离地球约 6000 光年。

通过对 X 射线源的观测，天文学家能研究涉及几百万度炽热气体的天文现象。但由于 X 射线被地球的大气层遮挡了，因此对 X 射线源的观测不能在地表进行，而需要将仪器运送到有足够 X 射线能穿透的高度。发现天鹅座 X–1 的仪器是从新墨西哥州白沙导弹靶场由火箭发射到弹道轨道。1964 年时正进行一项观测，目的是找出这些 X 射线源。两个空蜂火箭（Aerobee）弹道火箭运载着盖革计数器升空。这项观测发现了 8 个新的 X 射线源，包括天鹅座的 Cyg XR–1（后名 Cyg X–1）。该 X 射线源处并没有明显的无线电或可见光源。由于需要更长时间的观测研究，1963 年里卡尔多 · 贾科尼和赫伯特 · 格斯基提出了首个研究 X 射线源的轨道卫星。美国国家航空航天局于 1970 年发射了乌呼鲁卫星，进而发现了 300 个新 X 射线源。它对天鹅座 X–1 的长期观测发现

▽人马星座

其 X 光强度有波动，频率为每秒数次。如此快速的变动显示，能量一定在很小的范围内产生，大小约为 $10^5$km，因为光速的限制使信息不可能在更远的范围里相互传递。作为对比，太阳的直径约为 $1.4 \times 10^6$km。1971 年 4 月至 5 月，莱登天文台的 Luc Braes 和 George Miley 与美国国家射电天文台的 Robert M. Hjellming 和 Campbell Wade 独立探测到来自天鹅座 X–1 的无线电射线，射线源的准确位置指向 AGK2 +351910 = HDE226868。天球上，这颗星与视星等为 4 级的天鹅座 η 相距半度。它是一颗超巨星，本身并不能发射所观测到的 X 射线。因此，此星必定有一颗能够将气体加热到几百万度的伴星，才可放射在天鹅座 X–1 观测到的辐射。

▼ 天鹅座 X–1

▲ SN1979C 在 NGC4321 中的位置

## SN 1979C

1979 年 4 月，美国业余爱好者古斯·约翰逊发现了 SN 1979C，它由一颗 20 倍于太阳体积的星星坍缩而成。在遥远的宇宙已经发现了许多黑洞，它们以伽马射线暴（GRB）的形式被探测到。SN 1979C 有所不同，它更近，它属于超新星，看起来与伽马射线暴不同。理论认为，大多的黑洞从恒星核心坍缩时形成，且没有 GRB 产生。

马萨诸塞州剑桥市哈佛·史密森天体物理中心罗布认为："这可能是第一次观测到黑洞以普通的方式形成。尽管如此，还是很难探测到这类黑洞的诞生，因为 X 线观察需要数十年。"

黑洞的可观察年龄只要 30 年，这也与最近的理论一致。2005 年，有理论认为这颗超新星发出的明亮光是由黑洞喷射出的，黑洞无法穿过氢气层形成 GRB。对 SN

1979C 的观察结果与理论相吻合。

## 暗能量星

暗能量星是一种假想的天体，是 2005 年乔治·查普林提出的理论，他认为黑洞并不存在，而目前发现类似黑洞的现象是暗能量星的作为，一般来说，黑洞是由巨大质量的天体塌缩而成的，而黑洞的中心有一个奇异点，任何东西到黑洞里都会到奇异点然后完全的毁灭，任何相关的资讯都会消失，但是量子力学不容许资讯凭空消失的行为。

广义相对论中有提到，当一个东西到黑洞的视界时，相对它的时间就会停止，也就是说，对一个旁观者来说，任何掉进黑洞的物体都会停在黑洞的视界，而量子力学也不容许时间停止的行为。在解决这两个物理佯谬时，科学家受到与此问题不相关的另一类物理现象的启发，那就是超导晶体越过量子临界点时，出现了一些怪异的行为，像是它们的电子自旋逐渐趋于缓慢，就像是时间停止一样，这跟物体到了黑洞的事件视界一样，而且没有触犯量子力学，而如果在恒星表面发生了这种现象，它将使时间慢下来而形成一种临界层，此表面的行为确实类似于黑洞的视界。根据乔治查·普林的理论当巨大质量的恒星坍塌时，会形成类似上述的临界层，而它的大小就决定于星体的质量，而星体的质量就会变成巨大的真空能量（这就是暗能量星的名字由来），乔治·查普林相信，在临界层的夸克会衰变成正电子和 γ 射线，这也可以解释星系中心的强大的正电子和 γ 射线源（一般认为星系中心有巨大的黑洞）。

### 视 界

定义一：一个事件刚好能被观察到的那个时空界面称为视界引。譬如，发生在黑洞里的事件不会被黑洞外的人所观察到，因此我们可以称黑洞的界面为一个视界。 定义二：黑洞的边界称为视界。

# 2.7 红移

## 引言

宇宙学里程碑式的发现就是红移现象，正是因为发现了宇宙深处一些天体正在离我们远去，才证明我们所处的宇宙空间不是静止的，而是正在加速膨胀着。

红移在物理学和天文学领域，是指物体的电磁辐射由于某种原因波长增加的现象，在可见光波段，表现为光谱的谱线朝红端移动了一段距离，即波长变长、频率降低。红移的现象目前多用于天体的移动及规律的预测上。

红移有三种：多普勒红移（由于辐射源在固定的空间中远离我们所造成的）、引力红移（由于光子摆脱引力场向外辐射所造成的）和宇宙学红移（由于宇宙空间自身

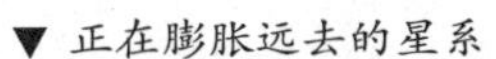
▼ 正在膨胀远去的星系

的膨胀所造成的）。对于不同的研究对象，牵涉到不同的红移。

## 多普勒红移

物体和观察者之间的相对运动可以导致红移，与此相对应的红移称为多普勒红移，是由多普勒效应引起的。通常引力红移都比较小，只有在中子星或者黑洞周围这一效应才会比较大。对于遥远的星系来说，宇宙学红移是很容易区别的，但是在星系随着空间膨胀远离我们的时候，由于其自身的运动，在宇宙学红移中也会掺杂进多普勒红移。

## 引力红移

根据广义相对论，光从引力场中发射出来时也会发生红移的现象。这种红移称为引力红移。一般说来，为了从其他红移中区别引力红移，你可以将这个天体的大小与这个天体质量相同的黑洞的大小进行比较。类似星云和星系这样的天体，它们的半径是相同质量黑洞半径的千亿倍，因此其红移的量级也大约是静止频率的千亿分之一。对于普通的恒星而言，它们的半径是同质量黑洞半径的 10 万倍左右，这已经接近目前光谱观测分辨率的极限了。中子星和白矮星的半径大约是同质量黑洞半径的 10 倍和 3000 倍，其引力红移的量级可以达到静止波长的 1/10 和 1/1000。

## 宇宙学红移

20 世纪初，美国天文学家埃德温·哈勃发现，观测到的绝大多数星系的光谱线存在红移现象。这是由于宇宙空间在膨胀，使天体发出的光波被拉长，谱线因此“变红”，这称为宇宙学红移，并由此得到哈勃定律。20 世纪 60 年代发现了一类具有极高红移值的天体——类星体，成为近代天文学中非常活跃的研究领域。

宇宙学红移在 100 个百万秒差距的尺度上是非常明显的。但是对于比较近的星系，由于星系本身在星系团中的运动所造成的多普勒红移和宇宙学红移的量级差不多，你必须仔细的区别开这两者。通常星系在星系团中的速度为 3000km/s，这大约与在 5 个百万秒差距处的星系的退行速度相当。

▲ 一些天体正离我们远去

## 红移的测量

红移可以经由单一光源的光谱进行测量。如果在光谱中有一些特征，可以是吸收线、发射线或是其他在光密度上的变化，那么原则上红移就可以测量。这需要一个有相似特征的光谱来做比较，例如，原子中的氢，当它发出光线时，有明确的特征谱线，一系列的特色谱线都有一定间隔的。如果有这种特性的谱线型态但在不同的波长上被比对出来，那么这个物体的红移就能测量了。因此，测量一个物体的红移，只需要频率或是波长的范围。只观察到一些孤立的特征，或是没有特征的光谱，或是白噪声（一种相当无序杂乱的波），是无法计算红移的。

红移（和蓝移）可能会在天体被观测的和辐射的波长（或频率）而带有不同的变化特征，天文学习惯使用无因次的数量 z 来表示。在 z 被测量后，红移和蓝移的差别只是简单单的正负号的区别。无论被观察到的是红移或蓝移，都有一些基本的说明。例如，多普勒效应的蓝移，就会联想到物体远离观测者而去并且能量减少。同样地，爱因斯坦效应的蓝移可以联想到光线进入强引力场，而爱因斯坦效应的红移是离开引力场。

# 第3章

# 黑洞的时空

研究一个天体最让人感兴趣的莫过于知道它有一个完全不同于我们日常所感知的时空系，如果你一点也不了解爱因斯坦的场方程，就根本无法想象时间与空间是怎样的一种关系，同时它们可能的变化，接下来就让我们了解一下另一个时空世界。

# 3.1 爱因斯坦的时空理论

## 引言

西方思想的最杰出之处就在于他们更注重逻辑，更注重用事实来证明他们所提出的论点。对于宇宙的认识，爱因斯坦为人类做出了伟大的贡献，今天的一切新理论都是在它的广义相对论的基础上展开。

## 爱因斯坦方程

爱因斯坦的理论在第 1 章我们已知道是最完美解释宇宙的理论。想要了解本书的主角——黑洞，就一定要了解一下爱因斯坦的场方程。即便对于一般读者这可能是难了一点，但这里一定要用最根本的逻辑公式来解释宇宙中最神奇的现象。

▼ 现代数字技术可以很好地解释时空问题

从等效原理（1907 年）开始，到后来（1912 年前后）发展出“宇宙中一切物质的运动都可以用曲率来描述，引力场实际上是弯曲时空的表现”的思想，爱因斯坦历经漫长的试误过程，于 1916 年 11 月 25 日写下了引力场方程而完成广义相对论。这条方程称作爱因斯坦引力场方程，或简为爱因斯坦场方程或爱因斯坦方程：

$$G_{\mu\nu}=R_{\mu\nu}-\frac{1}{2}g_{\mu\nu}R=\frac{8\pi G}{c^4}T_{\mu\nu}$$

$G_{\mu\nu}$——称为爱因斯坦张量，

$R_{\mu\nu}$——是从黎曼张量缩并而成的里奇张量，代表曲率项；

$g_{\mu\nu}$——是从（3+1）维时空的度量张量；

$T_{\mu\nu}$——是能量—动量—应力张量，

$G$——是引力常数，

$c$——是真空中光速。

该方程是一个以时空为自变量、以度规为因变量的带有椭圆形约束的二阶双曲型偏微分方程。球面对称的准确解称史瓦西解。

## 能量与动量守恒

场方程的一个重要结果是遵守局域的能量与动量守恒，透过应力—能量张量$R^{\mu\nu}$（代表能量密度、动量密度以及应力）可写出：

$$\nabla_\nu T^{\mu\nu}=T^{\mu\nu};\ \ \nu=0$$

场方程左边（弯曲几何部分）因为和场方程右边（物质状态部分）仅成比例关系，物质状态部分所遵守的守恒律因而要求弯曲几何部分也有相似的数学结果。透过微分比安基恒等式，以描述时空曲率的里奇张量 (以及张量缩并后的里奇标量 $R\equiv R^{\mu}_{\mu}$) 之代数关系所设计出来的爱因斯坦张量$G^{\mu\nu}\equiv R^{\mu\nu}-\frac{1}{2}g^{\mu\nu}R$；可以满足这项要求：$\nabla\nu G^{\mu\nu}=G^{\mu\nu};\nu=0$

## 场方程为非线性的

爱因斯坦场方程的非线性特质使得广义相对论与其他物理学理论迥异。举例来说，电磁学的麦克斯韦方程组跟电场、磁场以及电荷、电流的分布是呈线性关系（亦即两个解的线性叠加仍然是一个解）。另个例子是量子力学中的薛定谔方程，对于概率波函数也是线性的。

## 对应原理

透过弱场近似以及慢速近似，可以从爱因斯坦场方程退化为牛顿引力定律。事实上，场方程中的比例常数是经过这两个近似，以跟牛顿引力理论做联结后所得出。

添加宇宙常数项

爱因斯坦为了使宇宙能呈现为静态宇宙（不动态变化的宇宙，既不膨胀也不收缩），在后来又尝试加入了一个常数相关的 项于场方程中，使得场方程形式变为：

$$R_{\mu\nu}-\frac{1}{2}Rg_{\mu\nu}+\Lambda g_{\mu\nu}=\frac{8\pi G}{c^4}T_{\mu\nu}$$

可以注意到这一项正比于度规张量，而维持住守恒律：

$$\nabla_\nu(\Lambda g_{\mu\nu})=\Lambda\nabla_\nu(g_{\mu\nu})=0$$

此一常数被称为宇宙常数。

这个尝试后来因为两个原因而显得不正确且多此一举：

（1）此一理论所描述的静态宇宙是不稳定的。

（2）10 年后，由埃德温·哈勃对于远处星系所作观测的结果证实我们的宇宙正在膨胀，而非静态。

因此，常数项在之后被舍弃掉，且爱因斯坦称之为“一生中最大的错误”之后许多年，学界普遍设宇宙常数为 0。

尽管最初爱因斯坦引入宇宙常数项的动机有误，将这样的项放入场方程中并不会导致任何的不一致性。事实上，近年来天文学研究技术上的进步发现，要是存在不为零的确实可以解释一些观测结果。

爱因斯坦当初将宇宙常数视为一个独立参数，不过宇宙常数项可以透过代数运算移动到场方程的另一边，而将这一项写成应力—能量张量的一部分：

$$R_{\mu\nu}-\frac{1}{2}g_{\mu\nu}R=\frac{8\pi G}{c^4}\left(T_{\mu\nu}-\frac{c^4\Lambda g_{\mu\nu}}{8\pi G}\right)$$

刚才提到的项即可定义为：

$$T_{\mu\nu}^{(\mathrm{vac})}\equiv-\frac{c^4\Lambda g_{\mu\nu}}{8\pi G}$$

而另外又可以定义常数：

$$\rho_{\text{vac}} \equiv \frac{c^2\Lambda}{8\pi G}$$

为"真空能量"密度。宇宙常数的存在等同于非零真空能量的存在；这些名词前在广义相对论中常交替使用。也就是说，可以将 $T_{\mu\nu}^{(\text{vac})} \equiv -\frac{c^4\Lambda g_{\mu\nu}}{8\pi G}$ 看成和是一样类型的量，只是的来源是物质与辐射，而 $-\frac{c^4\Lambda g_{\mu\nu}}{8\pi G}$ 的来源则是真空能量。物质、辐射与真空能量三者在物理宇宙学中扮演重要角色。

这个场方程公式因为研对象所处的环境可有宇宙常数为零和不为零之分，因为本书不是一本物理教学书，只是让读者有一个大致的了解，如果读者有这方面的爱好可另外找专业书籍来看。

▼ 图解弯曲的时空

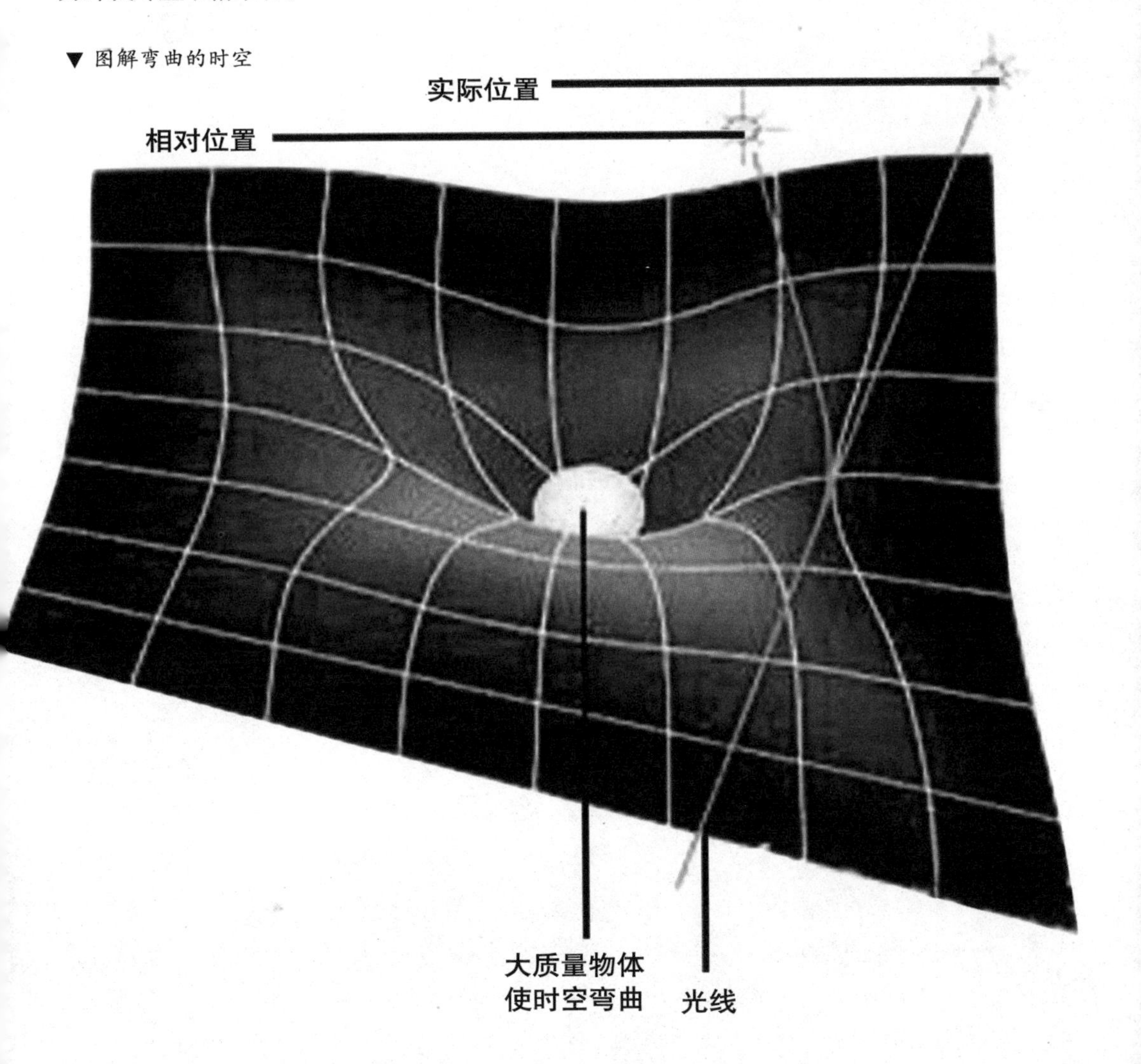

▽ 图解弯曲的时空

正是因为这个伟大的公式，宇宙中的一些观测到的现象才有了很好的解释，套用中国人对孔圣人的一句话“天生仲尼万古不长如夜了”，现在看只有爱因斯坦才能担此美誉。

## 时空弯曲

爱因斯坦在狭义相对论中解释了引力作用和加速度作用没有差别的原因。还解释了引力是如何和时空弯曲联系起来的，利用数学，爱因斯坦指出物体使周围空间、时间弯曲，在物体具有很大的相对质量（如一颗恒星）时，这种弯曲可使从它旁边经过的任何其他事物，即使是光线，也改变路径。广义相对论指出，时空曲率将产生引力。当光线经过一些大质量的天体时，它的路线是弯曲的，这源于它沿着大质量物体所形成的时空曲率。因为黑洞是极大的质量的浓缩，它周围的时空非常弯曲，即使是光线也无法逃逸。

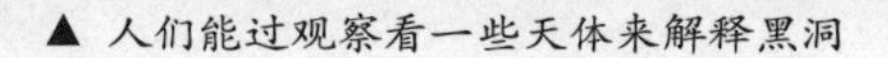

▲ 人们能过观察看一些天体来解释黑洞

# 3.2 霍金辐射

## 引言

霍金推想，如果在黑洞外产生的虚粒子对，其中一个被吸引进去，而另一个逃逸的情况，如果是这样，那个逃逸的粒子获得了能量，也不需要跟其相反的粒子湮灭，可以逃逸到无限远，在外界看就像黑洞发射粒子一样。这个猜想后来被证实，这种辐射被命名为霍金辐射。

## 理论的产生

1975年,斯蒂芬·威廉·霍金发表了一个令人震惊的结论:如果将量子理论加入进来，黑洞好像不是十分黑！相反，它们会轻微地发出“霍金辐射”之光。（该辐射包括有光子、中子和少量的各种有质量的粒子）但这种“辐射”从未被观测到过。因为我们有证据认为是黑洞的天体都被大量正坠入其中的热气团所包围。这些热气的辐射会完全淹没这种微弱的（辐射）效应。如果一个黑洞的质量是一个 $M$（一个太阳质量，常作为度量天体质量的单位），霍金预言它将只能发出 $6\times10^{-8}$K 的“体温”。所以只有很小的黑洞的辐射才会比较显著。特别是这种效应在理论上是很有趣的，致力于此的学者们已经花费了大量的经历去理解量子理论如何与引力结合在一起，其后果是什么。

知识
链接

## 海森堡测不准定律

海森堡学说所得出的成果之一是著名的“测不准原理”。它的理论说明是：一个微观粒子的某些物理量（如位置和动量，或方位角与动量矩，还有时间和能量等），不可能同时具有确定的数值，其中一个量越确定，另一个量的不确定程度就越大。这条原理由海森堡在 1927 亲自提出，被一般认为是科学中所有道理最深奥、意义最深远的原理之一。测不准原理所起的作用就在于它说明了我们的科学度量的能力在理论上存在的某些局限性，具有巨大的意义。如果一个科学家用物理学基本定律甚至在最理想的情况下也不能获得有关他正在研究的体系的准确知识，那么就显然表明该体系的将来行为是不能完全预测出来的。根据测不准原理，不管对测量仪器做出何种改进都不可能会使我们克服这个困难！

## 闵可夫斯基空间

狭义相对论中由一个时间维和三个空间维组成的时空，为俄裔德国数学家闵可夫斯基最先表述。他的平坦空间（即假设没有重力，曲率为零的空间）的概念以及表示为特殊距离量的几何学是与狭义相对论的要求相一致的。闵可夫斯基空间不同于牛顿力学的平坦空间。

最富戏剧性的是，一个孤立的、不吸收任何物质的黑洞会慢慢辐射其质量，开始很慢，但越来越快，最后，在其灭亡的一瞬间将像原子弹爆炸那样放出耀眼的光芒。

## 理论基础

同在任何其他地方一样，虚粒子在黑洞视界边缘不断产生。通常，它们以粒子–反粒子对的形式形成并迅速彼此湮灭。但在黑洞视界附近，有可能在湮灭发生前其中一个就掉入了黑洞。这样另一个就以霍金辐射的形式逃逸出来。

事实上这种论证并不清晰地与实际计算相符。从未有过标准的计算如何变形以解释关于虚粒子溜过视界。对于此问题，需要强调的是，没有人求出过一个“狭义”的描述此类在视界边上发生的霍金辐射问题的解释。注意：或许这种启发式的问答变得精确起来，但不一定能从通常的计算中求出答案。

通常的计算中涉及巴格寥夫变形。其想法是这样的：当你量子化电磁场的时候，你必须采用经典物理方程（麦克斯韦方程）并将其视为正频和负频两部分的线性相加。粗略地讲，一个给出粒子，另一个给出反粒子；更精确地讲，这种分割暗示着对量子真空理论的定义。换言之，如果你用一种方法分割，而我用另一种方法分割，则我们关于真空状态的观点将不符！

对此不必过于惊惶失措，这只是令人有些心烦。毕竟，真空可被认为是能量最低状态。如果采用根本不同的坐标系，那么对时间的观念将会完全不同，由此会有完全不同的能量观——因为能量在量子理论中被定义为参数 $H$，时间的开方就以 exp( $-$ i$tH$) 给出。所以从一方面讲，有充分的理由认为，在经典场论中，依据不同的正、负频划分得到不同的解——时间依赖于 exp( $-$ i omega $t$) 的线性组合解，被称为正 / 负频依赖于符号 omega——当然，这种选择依赖于如何选择时间坐标 $t$。另一方面，可以肯定我们会有不同的关于最低能量状态的观点。

现在回到作为相对论一种特殊情况的闵可夫斯基平坦的时空。这里有一丛按洛仑兹变形区分开的“惯性框架”，它们给出了不同的时间坐标系。但你可以发现，不同的坐标系给出不同的正负频的麦克斯韦方程解的概念之间的区别并不太糟。人们也不会因这些坐标系的不同产生对最低能量态的歧义。所以所有的惯性系中的观察者对于什么是粒子、什么是反粒子和什么是真空的意见是一致的。

但在弯曲的时空中不会有这种“最佳”的坐标系。因此即使是十分合理选择的不同坐标系也会在粒子和反粒子或什么是真空方面产生不一致。这些不一致并不意味着“任何东西都是相对(论)的”，因为存在完善的用以在不同坐标系系统的描述间进行“翻译”的公式，它们就是巴格寥夫变化公式。

所以如果黑洞存在的话： 一方面，我们可以把麦克斯韦方程的解用最清晰的方式分割成正频，这种分割即使是处于遥远未来并且远离黑洞的人也能够做到。另一方面，我们可以把麦克斯韦方程的解用最清晰的方式分割成正频，这种分割即使是处于(恒星)坍缩成黑洞（一事）发生之前的遥远过去的人也能够做到。

## 实际观察结果

据物理学家组织网 2010 年 9 月 29 日（北京时间）报道，意大利米兰大学的科学家佛朗哥—贝乔诺及其同事组成的团队日前宣称，他们在实验室中创建的“某类现象”，应该就是科学界一直未曾观测到的“霍金辐射”。

贝乔诺及同事为了建造出“霍金辐射”，在实验装置中向透明的石英玻璃样本发

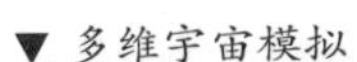
▼ 多维宇宙模拟

射了超短（1ps<皮秒>）的激光脉冲，产生的折射率分布(RIP)展现出一个“视界线”(一个天文学中黑洞的边界)，在此边界以内的光无法逃离。之后，由成像镜头以90°收集其辐射光子，然后发送到分光仪以及电荷耦合摄像机中。

研究人员解释说，此方式可强烈抑制或消除其他类型的辐射，如切伦科夫状辐射、四波混频、自相位调制、荧光等。最终，观察到的光子辐射迹象让他们相信，这是一个由模拟“视界线”催生的“霍金辐射”。这很可能是人们首次观察到的“霍金辐射”迹象。

当用激光照射原子时，原子磁场半径扩大，达到了视界线，在这个视界线内的光子受到原子磁场作用，全部以磁场状态存在，而光的传播需要光子的偏振，在视界线内的光子，不能进行偏振传递。

但是，也可以把这个视界线看成一个原子，即激光照射使原子电子云膨胀，原子依然通过视界线向外辐射光。

# 3.3 看不见的维数

## 引言

对于三维空间我们是能理解的，而且我们每天就这样眼观耳闻，可宇宙空间中的一些天体所具有不同的性质，更有可能，我们就生活在一个多维度的宇宙中，只是固定的生存模式而让我们无法完全理解，而科学的伟大之处就在于可能通过理论与实验来让我们认识那看不见的维度。

## 黑洞如何隐身

与别的天体相比，黑洞是显得太特殊了。例如，黑洞有“隐身术”，人们无法直接观察到它，连科学家都只能对它内部结构提出各种猜想。那么，黑洞是怎么把

▼ 对于生活在地球上的我们，想要理解一个多维度宇宙是多么不容易

▽ 电磁的被发现让宇宙中的一些现象得到了很好的解释

自己隐藏起来的呢？答案就是——弯曲的空间。我们都知道，光是沿直线传播的。这是一个最基本的常识。可是根据广义相对论，空间会在引力场作用下弯曲。这时候，光虽然仍然沿任意两点间的最短距离传播，但走的已经不是直线，而是曲线。在经过大密度的天体时，四维空间会弯曲。光会掉到这样的陷阱里。形象地讲，好像光本来是要走直线的，只不过强大的引力把它拉得偏离了原来的方向。

在地球上，由于引力场作用很小，这种弯曲是微乎其微的。而在黑洞周围，空间的这种变形非常大。这样，即使是被黑洞挡着的恒星发出的光，虽然有一部分会落入黑洞中消失，可另一部分光线会通过弯曲的空间中绕过黑洞而到达地球。所以，我们可以毫不费力地观察到黑洞背面的星空，就像黑洞不存在一样，这就是黑洞的隐身术。

更有趣的是，有些恒星不仅是朝着地球发出的光能直接到达地球，它朝其他方向发射的光也可能被附近的黑洞的强引力折射而能到达地球。这样我们不仅能看见这颗恒星的“脸”，还同时看到它的侧面、甚至后背！

## 时空弯曲几何

三维空间里的欧几里得几何允许我们讲一维的曲线和二维的曲面。圆是一个一维几何图形（只有长度，没有宽度和深度），其半径越短，则弯曲程度越大。反之，如果半径增至无限长，圆就变成了直线，失去了弯曲性。同样地，一个球面随其半径的无限增长也会变成一个平面（若不计地面的粗糙，则在局域尺度上看地球表面是平的）。

弯曲因而是有精确的几何定义的。但当维数增加时，定义变得复杂多了，弯曲程度不能再像圆的情况那样用一个数来描述，而必须讲“曲率”。尽管曲率有多重性，仍然可以定义出一个固有曲率。在二维面上的每一个点都可以量出两个相互垂直方向上的弯曲半径，二者乘积的倒数就是曲面的固有曲率。如果两个弯曲半径是在曲面的同一侧，固有曲率就是正的；如果是在两侧，那就是负的。圆柱面的固有曲率为零，事实上它可以被切开平摊在桌面上而不会被扯破，而对一个球面就不可能这样做。

球面、圆柱面及其他任意二维曲面都“包含”在三维欧几里得空间里。这种来自现实生活的具体形象使我们觉得可以区分“内部”和“外部”，并且常说是一个面在空间里弯曲。但是，在纯粹的几何学里，一个二维曲面的性质可以不需要关于包含空间的任何知识而完全确定，更高维的情况也是如此。我们可以描绘四维宇宙的弯曲几何，不需要离开这个宇宙，也不需要参照什么假想的更大空间，且看这是如何做到的。

弯曲空间的数学理论是在 19 世纪，主要由本哈・黎曼发展出来的。即使是最简单的情况，弯曲几何的特性也是欧几里得几何完全没有的。再次考虑一个球面。这是一个二维空间，曲率为正值且均匀（各点都一样），因为两个曲率半径都等于球面的半径。连接球面上两个分离点的最短路线是一个大圆的一段弧，即以球心为中心画在球面上的一个圆的一部分。大圆之于球面正如直线之于平面，二者都是测地线，就是最短长度的曲线。一架不停顿地由巴黎飞往东京的飞机，最省时间的路线是先朝北飞，经过西伯利亚，再朝南飞，这才是最短程路线。由于所有大圆都是同心的，其中任何两个都相交于两点（如子午线相交于两极），换句话说，在球面上没有平行的“直线”。

现在可看出欧几里得几何是被无情地践踏了。熟知的欧氏几何定律只能应用于没有任何弯曲的平坦空间，一旦有任何弯曲，这些定律就被完全推翻了。球面最明显的几何性质是：与平面上直线的无限延伸不同，如果谁沿着球面上的直线（即沿着大圆）运动，他将总是从相反方向上回到出发点。因此，球面是有限的，或者说封闭的，尽管它没有终极，没有边界（大圆是没有终端的）。球面正是具有任何维数的有限空间的理想原型（由于自转、地形及潮汐等因素，地球表面不是精确的球面，但它同样具有上述性质）。

现在来考查一下负曲率空间的情况。为简单起见，限于二维，典型的例子是双曲面，形如马鞍。如果也沿着这个面上的一条直线运动，一般说来不会再返回出发点，而是无限地远离。像平面一样，双曲面也是开放面，但仅此而已。作为一个曲面，双曲面根本不再是欧几里得型的。大多数曲面并不像球面或双曲面那样具有处处都为正或为负的曲率，而是曲率值逐点变化，正负号在面上不同区域也会改变。

## 几何与物质

我们现在来考虑广义相对论的四维几何。重要的是，时空是弯曲的，而不仅是空间。黎曼曾试图以弯曲空间来使电磁学和引力相和谐，他之所以未成功，是因为没有扭住时间的“脖子”。设想我们把石块掷向地面上10m外的靶子。在地球引力作用下石块将沿连接出手处和靶子的抛物线飞行，其最大高度取决于初始速度。如果石块以10m/s的速度掷出，并将用1.5s落到目标，则其最大高度为3m。如果改成用枪射击，且子弹初速为500m/s，则子弹将沿高为0.5mm的弧线用0.02s击中目标；如果子弹被射到12km高的空中再落到靶子上（忽略空气的影响和地球自转），它的总飞行时间就大约是100s。由此推至极限，也可以用速度为30万km/s的光线来射靶子，这时的轨道弯曲变得难以觉察，几乎成了一条直线。显然，所有这些抛物线的曲率半径各不相同。

现在加进时间维度。无论对石块、子弹还是光子，在时空中量度的曲率半径都精确地相等，其值为1光年的星级。因此，更合理的说法是，时空轨道是“直”的，

▼ 小质量天体会受到大质量天体吸引

而时空本身被地心引力所弯曲，不受任何其他力的抛射体将沿测地线运动（等价于说沿弯曲几何中的直线运动）。

上面的例子表明，时空是怎样在时间上弯曲得比在空间上厉害得多的。一旦所涉及的速度开始增大，时间曲率就变得重要。公路上凸起了一小块，只是空间曲率的一点小小不整齐，一个徒步慢行的人很难觉察到，但对一辆以 120km/h 的速度行驶的汽车来说却很危险，因为它造成时间维度上大得多的变化。

阿瑟·爱丁顿计算出，lt 的质量放在一个半径为 5m 的圆中心所造成的空间曲率改变，仅仅影响圆周与直径比值（即欧几里得几何中的小数点后第 24 位。因此，要给时空造成可观的变化，就得有巨大的质量。地球表面的时空曲率半径如此之大（约 1 光年，即其自身半径的 10 亿倍）的事实说明地球的引力场，尽管给物体以 98m/s 的加速度，却是不够强的。对于地球附近的绝大多数物理实验，我们可以继续采用闵可夫斯基时空和狭义相对论；欧几里得空间和牛顿力学在涉及的速度较小时也足够精确。

尽管局域地看来似乎平直，我们的宇宙实际上是被物质弄弯曲了。然而，弯曲效应变得明显仅仅是在高度集中的质量附近（如黑洞），或者是在很大的尺度上（数百万光年，例如，研究对象是由数千个星系组成的团。最近发现的多重类星体是弯曲时空真实性的一个最好证据。一个遥远光源发出的光线沿不同路径穿过弯曲时空，使天文学家看到同一个天体的几个柔软的光。

▲ 新星爆发会释放出 γ 射线

# 3.4 II 型超新星的引力坍缩

## 引言

现在大多数科学家相信是大质量恒星引力坍缩最终形成了黑洞，而这一过程也要经过几个时期，通过对超新星的实测观察，则是对这一理论最好的支持。

II 型超新星是大质量恒星引力坍缩的结果。尽管相关的理论研究已经长达三十余年，以及对超新星 SN 1987A 的观测取得了相当宝贵的成果，在超新星引力坍缩的理论研究中仍有很多部分和细节完全没有弄清楚，它们坍缩的细节有可能彼此之间存在很大差异。一般认为质量在 9 倍太阳质量以上大质量恒星在核聚变反应的最后阶段会产生铁元素的内核，其内核的坍缩速度可以达到每秒 7 万千米（约合 0.23 倍光速），这个过程会导致恒星的温度和密度发生急剧增长。内核的这一能量损失过程终止于向外简并压力与向内引力的彼此平衡。在光致蜕变的作用下，γ 射线将铁原子分解为氦原子核并释放中子，同时吸收能量，而质子和电子则通过电子俘获过程（不可逆 β 衰变）合并，产生中子和逃逸的中微子。

在一颗典型的 II 型超新星中，新生成的中子核的初始温度可达一千亿开 [ 尔文 ]，这是太阳核心温度的 6000 倍。如此高的热量大部分都需要被释放，以形成一颗稳定的中子星，而这一过程能够通过进一步的中微子释放来完成。这些“热”中微子构成了涵盖所有味的中微子–反中微子对，并且在数量上是通过电子俘获形成的中微子的好几倍。大约 $10^{46}$J 的引力能量——约占星体剩余质量的 10%——会转化成持续时间约 10s 的中微子暴，这是这场事件的主要产物。中微子暴会带走内核的能量并加速坍缩过程，而某些中微子则还有可能被恒星的外层物质吸收，为其后的超新星爆发提供能量。

内核最终会坍缩为一个直径约为 30km 的球体，而它的密度则与一个原子核的密度相当，其后坍缩会因核子间的强相互作用以及中子简并压力突然终止。向内坍缩的物质的运动由于突然被停止，物质会发生一定程度的反弹，由此会激发出向外传

▼ 哈勃望远镜捕捉到的超新星爆发图

播的激波。计算机模拟的结果指出这种向外扩散的激波并不是导致超新星爆发的直接原因；实际上在内核的外层区域由于重元素的解体导致的能量消耗，激波存在的时间只有毫秒量级。这就需要存在一种尚未了解的过程，能够使内核的外层区域重新获得大约 $10^{44}$J 的能量，从而形成可见的爆发。当前的相关研究主要集中在对于作为这一过程基础的中微子重新升温、自旋和磁场效应的组合研究。

当原始恒星的质量低于大约 20 倍太阳质量（取决于爆炸的强度以及爆炸后回落的物质总量），坍缩后的剩余产物是一颗中子星；对于高于这个质量的恒星，剩余质量由于超过奥本海默–沃尔科夫极限会继续坍缩为一个黑洞（这种坍缩有可能是伽马射线暴的产生原因之一，并且伴随着大量伽马射线的放出在理论上也有可能产生再一次的超新星爆发），理论上出现这种情形的上限大约为 40 ~ 50 倍太阳质量。对于超过 50 倍太阳质量的恒星，一般认为它们会跳过超新星爆发的过程而直接坍缩为黑洞，不过这个极限由于模型的复杂性计算起来相当困难。但据最近的观测显示，质量极高的恒星（≈ 150 倍太阳质量）在形成 II 型超新星时很可能不需要铁核的存在，而其爆发可能具有另一种完全不同的理论机制。

# 第4章

# 黑洞其他宇宙学知识

因为对黑洞的研究，爱因斯坦理论又提出了一些假想天体，因为还没有实际的观测证据。比如白洞、虫洞。如果白洞是黑洞的未知的兄弟，那虫洞就可能是他们可能的信使。

# 4.1 白洞

## 引言

白洞（又称白道）是广义相对论预言的一种与黑洞（又称黑道）相反的特殊“假想”天体，是大引力球对称天体的史瓦西解的一部分。目前，白洞仅仅是理论预言的天体，到现在还没有任何证据表明白洞的存在。其性质与黑洞完全相反。同黑洞一样，白洞也有一个封闭的边界。与黑洞不同的是，白洞内部的物质（包括辐射）可以经过边界发射到外面去，而边界外的物质却不能落到白洞里面来。因此，白洞像一个超级喷泉，不断向外喷射以重粒子为主要形态表现的物质（能量）。白洞学说在天文学上主要用来解释一些高能现象。白洞是否存在，尚无观测证据。

▼ 科学家通过理论预测有一个与黑洞性质相反的天体——白洞的存在

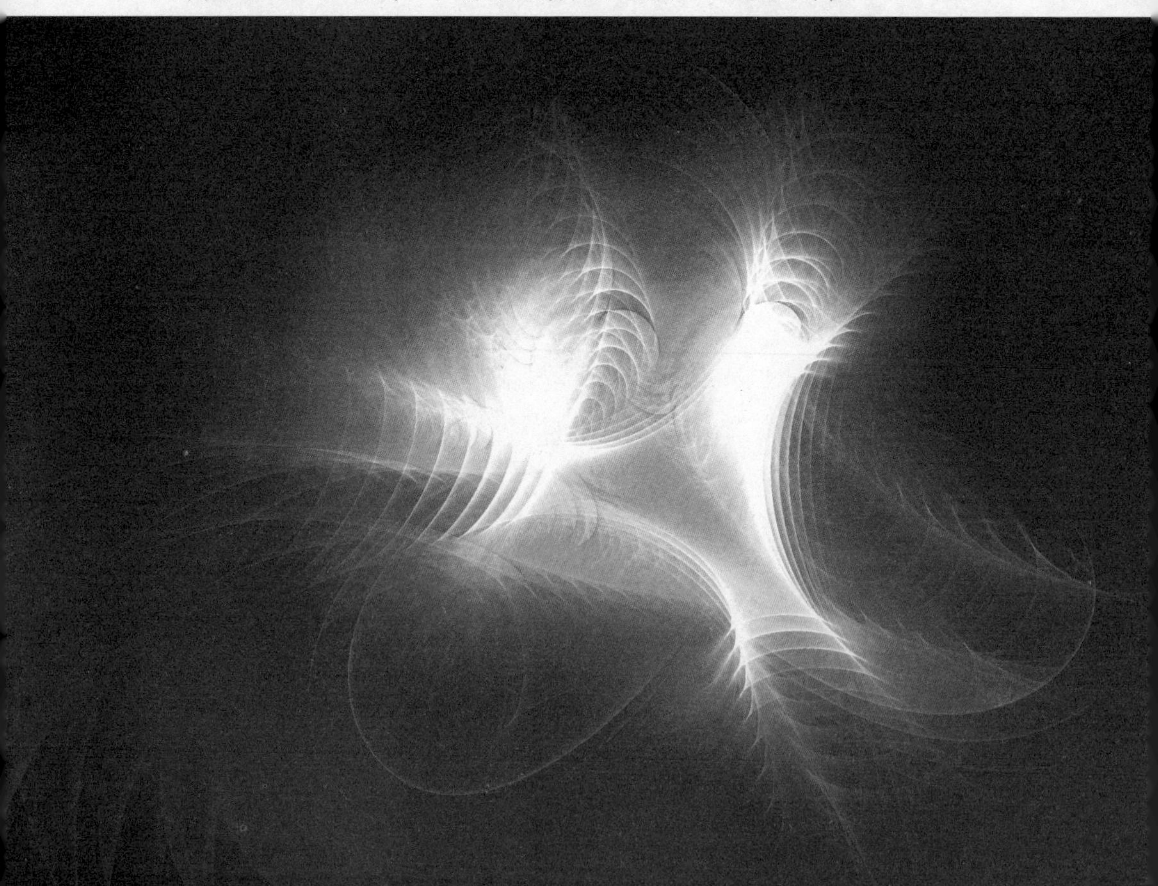

有人认为，白洞并不存在。因为，白洞外部的时空性质与黑洞一样，白洞可以把它周围的物质吸积到边界上形成物质层。只要有足够多的物质，引力坍缩就会发生，导致形成黑洞。另外，按照目前的理论，大质量恒星演化到晚期可能经坍缩而形成黑洞；但并不知道有什么过程会导致形成白洞。如果白洞存在，则可能是宇宙大爆炸时残留下来的。有底称为洞，无底的称为道。

## X射线爆发

与宇宙 $\gamma$ 射线爆发相似，宇宙X射线爆发（简称X爆发）也是20世纪70年代天体物理学的重大发现之一。X爆发的主要特征是：爆发的上升时间≤1s；爆发的持续时间由几秒到几十秒；大部分的能量在低于50keV（千电子伏）的范围内的辐射；爆发重复出现，但没有准确的周期。大多数爆发源的爆发间隔由几小时到几十小时；也有一些X爆发源的爆发间隔由几秒钟到几分钟。有人把前者称为Ⅰ型X爆发，把后者称为Ⅱ型X爆发。MXB1730-335是非常奇特的X爆发源，在它上面可以同时观测到Ⅰ型和Ⅱ型X爆发。对于多数爆发源，在两次爆发之间还观测到有一种比较稳定的X射线辐射。而且发现：这种稳定辐射处于高强度状态时，不出现X爆发；处于低强度状态时，才出现爆发。还发现，大多数爆发源，或许是全部爆发源，都有一个爆发活动时期和一个爆发宁静时期，X爆发只出现于爆发活动时期。这种时期长约几星期、几个月或几年。在地面上测得的X爆发的极大流量的典型数值为10～10erg①/（cm·s）。如果取爆发源的距离为3万光年，则得X爆发的极大功率为10～10erg/s。观测表明，在X爆发的亮度下降阶段，Ⅰ型X爆发的能谱有变软的倾向，Ⅱ型X爆发无此倾向。X爆发源分布在银道面附近。已经发现有一个X爆发源位于球状星团NGC6624内。关于X爆发的本质，爆发机制和辐射过程等问题，目前都研究得很不够。有人认为X爆发起源于中子星表面的核反应，也有人认为X爆发是由双星里中子星的吸积过程中的不稳定性造成的。

① 1erg（尔格）=$10^{-7}$J（焦[耳]）

▽ 黑洞在自发性蒸发中可能会产生白洞

## 概念的提出

白洞其实就是黑洞的反演，而黑洞与白洞之间有三维以上的一个通道，从黑洞里面进去，从白洞里面出来，因为这些物质从黑洞那边被吸进去时有很大的速度，所以从白洞里喷发出来也有很大的速度，但是他们的速度一般相等。科学家认为黑洞作为事物的一个发展终极，必然引致另一个终极，就是白洞。其实膨胀的大爆发宇宙论中，早就碰到了原初的奇点问题，这个问题其实一直困扰着科学家们。这个奇点的最大质量与密度和黑洞的奇点是相似的，但他们的活动机制却恰恰相反。高能量超密物质的发现，显示黑洞存在的可能，自然也显示白洞存在的可能。如果宇宙物质按不同的路径和时间走到终极，那么也可能按不同的时间和路径从原始出发，亦即在大爆发之初的大白洞发生后，仍可能出现小爆发小白洞。而且，流入黑洞的物质命运究竟如何呢？是永远累积在无穷小的奇点中，直到宇宙毁灭，还是在另一个宇宙涌出呢？

20 世纪 60 年代以来， 由于空间探测技术在天文观测中的广泛应用，人们陆陆续续发现了许多高能天体物理现象，例如，宇宙 X 射线爆发、宇宙 γ 射线爆发、超新星爆发、星系核的活动和爆发以及类星体、脉冲星，等等。

这些高能天体物理现象用人们已知的物理学规律已经无法解释。就拿类星体来说吧，类星体的体积与一般恒星相当，而它的亮度却比普通星系还亮几万倍。类星体这种个头极小、亮度极大的独特性质，是人们从未见到过的，这就使科学家们想到类星体很可能是一种与人们已知的任何天体都迥然不同的奇异天体。

如何解释类星体现象呢？科学家们提出了各种各样的理论模型。苏联的诺维柯夫和以色列的尼也曼提出的白洞模型，引起了大家的注意。白洞概念就这样横空出世了。

如果黑洞从有到无，那白洞就应从无到有。为了这个离奇的想法，科学家做了很多工作，但这概念不像黑洞这么通行，看来白洞似乎更虚幻了。问题是我们已经对引力场较为熟悉，从恒星、星系演化为黑洞有数理可循，但白洞靠什么来触发，目前却依然茫然无绪。无论如何宇宙至少触发过一次，所以白洞的研究显然与宇宙起源的研究更有密切的关系，因而白洞学说通常与宇宙学说结合起来。人们努力的方向不在于黑白洞相对的哲学辩论，而在于它的物理机制问题。从现有状态去推求终末，总容易些，相反的从现有状态去探索原始，难免茫无头绪。

白洞目前还只是一种理论模型，尚未被观测所证实。

## 白洞的性质

从定义上来说，白洞是物理学家们根据黑洞在爱因斯坦的广义相对论上所提出的“假想”物体，或一种数学模型。物理学界和天文学界将白洞定义为一种超高度致密物体，其性质与黑洞完全相反。白洞并不是吸收外部物质，而是不断地向外围喷射各种星际物质与宇宙能量，是一种宇宙中的喷射源。简单来说，白洞可以说是时间呈现反转的黑洞，进入黑洞的物质，最后应会从白洞出来，出现在另外一个宇宙。由于具有和“黑”洞完全相反的性质，所以叫作“白”洞；又因为黑洞的引力使得光也无法逃脱，而白洞和黑洞是完全相反的（连光也会被排斥掉），所以呈现为白色，叫作白洞，只可以向外运动，而不能向内部运动。因此，白洞可以向外部区域提供物质和能量，但不能吸收外部区域的任何物质和辐射。白洞是一个强引力源，其外部引力性质与黑洞相同。白洞可以把它周围的物质吸积到边界上形成物质层。白洞学说主要用来解释一些高能天体现象。目前天文学家还没有实际找到白洞，还只是个理论上的名词。白洞是理论上通过对黑洞的类比而得到的一个十分“学者化”的理论产物，更多地表现为一种数学模型。

白洞和黑洞一样，有一个封闭的“视界”。不过和黑洞不一样，时空曲率在这

### 宇宙和婴儿宇宙

宇宙的概念，首先确立无限的意念，在无限之中，我们又通过性质分析，得到（1+环境），环境之中包含了无穷的未知时空和生命。在这个1之中，我们定义出婴儿宇宙概念。这个宇宙，从其历史角度讲，并非是初生的，它也有着辉煌的历史。白洞所在的宇宙就是婴儿宇宙。

里是负无穷大，也就是说，在这里，白洞对外界的斥力达到无穷大，即使是光笔直向白洞的奇点冲去，它也会在白洞的视界上完全停止住，不可能进入白洞一步。

理论上，白洞也可以根据是否旋转，是否带有电荷而区分类型，但是理论物理学家们认为，白洞的无穷大的斥力会迫使白洞不带有任何电荷，因为电荷很容易就被赶到了视界外。而旋转，也被认为是不可能的。不过白洞看来只可能是一种想象中的产物。因为如果白洞不吸收任何物体而仅仅是喷射物质（能量），那么无论这个白洞的质量有多大，它的物质也会很快地被喷射光。

当然，物理学家们也为白洞提供了几个存在的想法，其中有的人认为白洞和黑洞通过虫洞连接，从而使母宇宙和婴儿宇宙之间获得联系。

## 关于白洞的其他理论

白洞学说出现已有一段时间，1970 年捷尔明便提出它们存于类星体，剧烈活动的星系中的可能性。相对论和宇宙论学者早已明白此学说的可能性，只是这与一般正统的宇宙观不同，较不易获得承认。某些理论认为，由于宇宙物体的激烈运动，

▼ 科学家通过理论推测，有一个与黑洞时空完全不同的天体存在

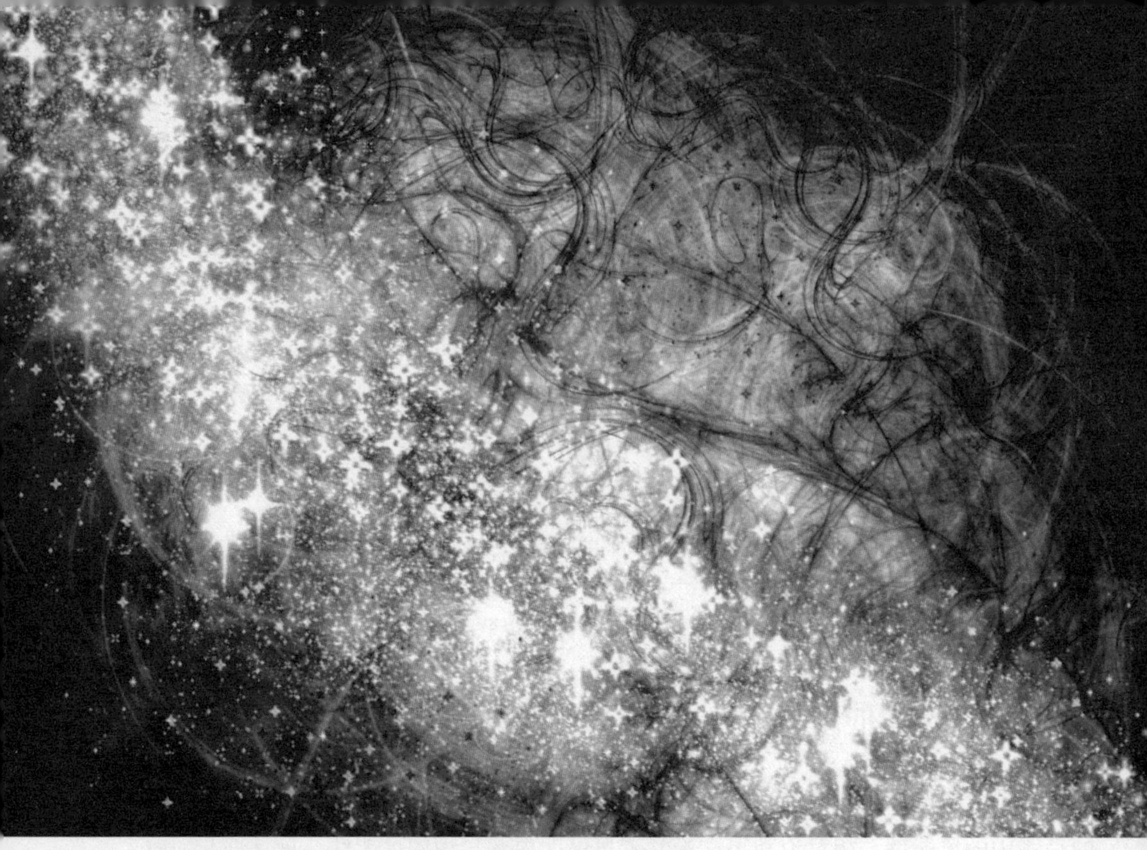

▲ 天体稍微扰动都会让其物理性质发生变化

或者星系一部喷出的高能小物体，它们遵守着开普勒轨道运动。这是一种高度理想化的推测，亦即一个地方有几个白洞，在星系核心互相旋转，偶然喷出满天星斗。喷出的白洞演化成新星系。而从星系团的照片中可观察到一系列的星系由物质连接起来。这显示它们是由一连串剧烈喷射所形成的，照此来说，白洞可能会像阿米巴原虫一样分裂生殖，由分裂而形成星系，进而形成星域，然而这又和目前的理论相违背。

从此看来，就是星系生成也有不同见解。有的天文学家便提出并接受宇宙之初便有不均匀物质的结块，而其中便包含了白洞。宇宙向最初奇点收缩，星系、星系群都同一动作，这当然和黑洞的奇点相似。宇宙的不同区域，其密度皆不同，收缩时首先在高密度的地方，达到了黑洞的临界密度，从此消失在视界之后，宇宙不断收缩，使不断出现高密奇点。宇宙成为大量黑洞及周围物质的集合体。然而事实上，宇宙是膨胀而非收缩的，因此它是白洞而不是黑洞。在宇宙整体性原始的大奇点中存在着密度高的小质点，它们随着膨胀向四面八方扩散，大白洞大量爆发生出小白洞。星系等不均匀物体，正是由它生成的。不均匀物体之所以易和黑洞拉上关系，皆是因为它和膨胀现状相对称的宇宙中局部收缩的过程。目前宇宙中黑洞和白洞的存在是并行不悖的，是过程的两个端点而已。黑洞奇点是物质末期塌缩的终点，白洞物质的奇点是星系的始端。只不过各过程不是同时，而是先后交错的。

科学家们普遍认为，自从大爆炸以来，我们的宇宙在不断膨胀，密度在不断减少。因此，现在正在膨胀着的天体和气体乃至整个宇宙，在200多亿年（一说168亿年）以前，是被禁锢在一个“点”（流出奇点）上，原始大爆炸后，开始向外膨胀，当它们冲出“视界”的外面，就成为我们看得见的白洞。

与上述相反的一种观点认为，由于原始大爆炸的不均匀性，一些尚未来得及爆炸的致密核心可能遗留下来，它们被抛出以后仍具有爆炸的趋势，不过爆炸的时间推迟了，这些推迟爆发的核心——“延迟核”就是白洞。

也有人认为，白洞可能是黑洞“转化”而来。就是说，当黑洞的坍缩到了“极限”，就会经过内部某种矛盾运动质变为膨胀状态——反坍缩爆炸，这时它便由向内积吸能量，转变为从中心向外辐射能量了。

最富吸引力的一种观点认为，像宇宙中有正负粒子一样，宇宙中也一定存在着与黑洞（负洞）相同，而性质相反的白洞（正洞）。它们对应地共生在某个宇宙膨胀泡的泡壁上，分属两个不同的宇宙。

知识链接

## γ 射线爆

γ 射线爆简称 γ 爆，是种短暂的高能爆发现象，平均每天会有一到两次的爆发产生，爆发持续的时间为0.01 ~ 1000s。理论学者认为 γ 射线爆的是由体积很小且拥有巨大能量的火球所造成，其能量以喷流方向朝火球的两极喷出，当我们的视线方向与喷流平行时，则看到了 γ 射线爆。而火球的真正来源到现在还不是很清楚。γ 射线爆是宇宙中最强力的爆炸之一，是新的黑洞形成的信号，其表现形式有长短两种。近些年，国际研究表明长 γ 射线爆与超新星死亡的爆炸有关。

由于我们的宇宙中存在着10万多个黑洞，同样也可能存在着数目相等的白洞。于是，在宇宙继续膨胀过程中，白洞周围一些质量稍许密集区域就变得更加密集；黑洞周围的一些质量稍微稀薄的区域就变得更加空虚。这些大片空虚的区域就是空洞。

## 白洞形成之谜

关于白洞是怎样形成的，目前科学家们持有两种不同的见解。

一种得到多数天文学家赞同的观点认为，当宇宙诞生的那一时刻，即当宇宙由原初极高密度、极高温度状态开始大爆炸时，由于爆炸的不完全和不均匀，可能会遗留下一些超高密度的物质暂时尚未爆炸，而是要再等待一定的时间以后才开始膨胀和爆炸，这些遗留下来的致密物质即成为新的局部膨胀的核心，也就是白洞。

有些致密物质核心的爆炸时间已经延迟了大约100亿年或200亿年（这要看宇宙的年龄是100亿年还是200亿年，而宇宙年龄目前也是一个未解之谜）。它们的爆炸，就导致了我们今天所观测到的宇宙中各种高能天体物理现象。为此，白洞又有“延迟核”之称。按照延迟核理论，100亿或200亿年之前，我们的宇宙就是一个巨大的白洞。

除了延迟核理论之外，另一种观点就是白洞可直接由黑洞转变过来，白洞中的超高密度物质是由引力坍缩形成黑洞时获得的，这在前面已有说明。

传统的黑洞理论认为，黑洞只有绝对的吸引而不向外界发射任何物质和辐射。70年代，有一位卓越的英国天体物理学家霍金，根据广义相对论和量子力学理论，对黑洞作了进一步的研究，并对传统的黑洞理论做了重大的修正。霍金对黑洞的见解轰动了科学界，他因此获得了1978年的爱因斯坦奖金。

霍金认为，黑洞具有一定的温度，会以类似于热辐射的方式稳定地向外发射各种粒子，这就是所谓的“自发蒸发”。黑洞的蒸发速度与黑洞的质量有关，质量越大的黑洞，温度越低，蒸发得越慢；反之，质量越小的黑洞，温度越高，蒸发得越快。譬如，质量与太阳相当的一个黑洞，约需1066年才能够完全蒸发完，而一些原生小黑洞，却能在10 ~ 23s之内蒸发得一干二净。

黑洞的蒸发使黑洞的质量减小，从而使黑洞的温度升高，这样又促使自发蒸发进一步加剧。这种过程继续下去，黑洞的蒸发便会越演越烈，最后以一种“反坍缩”式的猛烈爆发而告终。这个过程正好就是不断向外喷射物质的白洞了。

目前，这种白洞是由黑洞直接转变过来的观点，也越来越引起各国科学家们的关注。

由于白洞概念提出之后，用它可以解释一些高能天体物理现象，所以引起了不少天文学家对白洞的兴趣，继而他们也对白洞问题做了一些探讨和研究。

尽管如此，科学家们对白洞的兴趣还远远比不上像对黑洞的兴趣那样浓，对白洞的研究工作也远远比不上像对黑洞的研究那样广泛和深入，并且在观测证认工作方面，也不像黑洞那样取得了很大的进展。

总而言之，白洞学说目前还只是一种科学假说，宇宙中是否真的存在白洞这种天体？白洞是怎样形成的？我们的宇宙在它诞生之前是否就是一个白洞？等等，有关白洞的这一系列问题，还都是等待人们去揭开的宇宙之谜。

## 白洞真的存在吗

到目前为止，“白洞”还只是个理论名词，科学家并未实际发现。在技术上，要发现黑洞，甚至超巨质量黑洞，都比发现白洞要容易得多。也许每一个黑洞都有

▼ 超大恒星的爆发在为黑洞的诞生埋下了伏笔

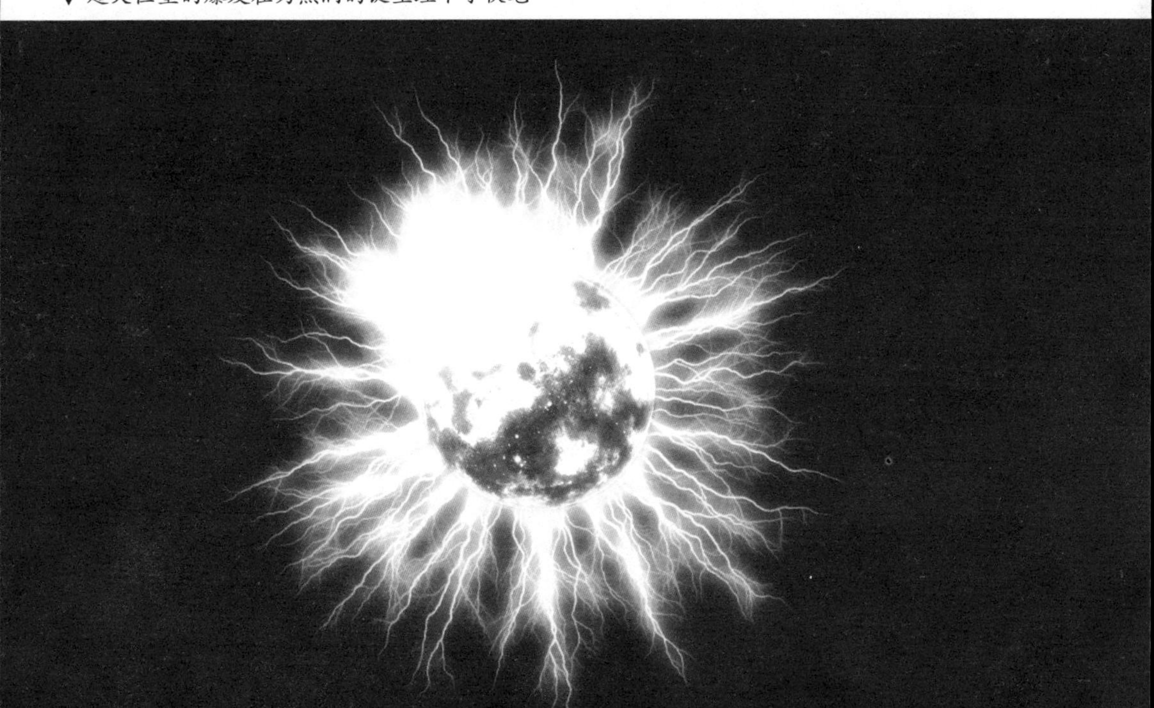

一个对应的白洞！但我们并不确定是否所有的超巨质量的“洞”都是“黑”洞，也不确定白洞与黑洞是否应成对出现。但就重力的观点来看，在远距离观察时两者的特性则是相同的。

当人们有了很复杂的数学工具来分析这些相关方程式，他们发现了更多。在这个简单的情形下时空结构必须具备时间反演对称性，这意味着如果你让时间倒流，所有一切都应该没什么两样。因此如果在未来某个时刻光只能进不能出，那过去一定有个时刻光只能出不能进。这看上去就像是黑洞的反转，因此人们称之为白洞，虽然它只是黑洞在过去的一个延伸。(更奇怪的是：在视界里面似乎应该还有一个宇宙，虽然这里用“里面”可能不太确切。) 时间在白洞里面是存在的，但既然你不能进去，那你只有出生在里面才能知道了。

但在现实中，白洞可能并不存在，因为真实的黑洞要比这个广义相对论的简单解所描述的要复杂得多。它们并不是在过去就一直存在，而是在某个时间恒星坍塌后所形成的。这就破坏了时间反演对称性，因此如果你顺着倒流的时光往前看，你将看不到这个解中所描述的白洞，而是看到黑洞变回坍塌中的恒星。

我们知道，由于黑洞拥有极强的引力，能将附近的任何物体一吸而尽，而且只进不出。如果，我们将黑洞当成一个“入口”，那么，应该就有一个只出不进的“出口”，就是所谓的“白洞”。黑洞和白洞间的通路，也有个专有名词，叫作“灰道”(即“虫洞”)。虽然白洞尚未发现，但在科学探索上，最美的事物之一就是许多理论上存在的事物后来真的被人们发现或证实。因此，也许将来有一天，随着科学技术的进步和人类的不断探索，天文学家会真的发现白洞的存在呢！

## 与黑洞的关系

白洞与黑洞是相辅相成的，是对立统一的。沈葹在《黑洞、白洞交相衬映》一文中对黑洞与白洞的相互关系做了如下论述：“霍金着眼于黑洞，但他的假说或可给予黑洞、白洞相互转化之设想以便宜。当然此设想主要还是出于黑洞、白洞之对称性的思考；因为物质坍缩成一个中心奇点、与物质从一个中心奇点里爆发出来，本是相反相成的两个过程，所以从黑洞瞬即转化成白洞，似乎还是可能实现的。对于宇宙演化，我们且作如下尝试性解释。从广义相对论演绎得出的一种演化模式，把宇宙假设为从原始火球的大爆炸中诞生，接着便膨胀，胀到最大，再转变成坍缩，缩到最小；尔后又发生第二次爆炸及其胀、缩过程；如此循环反复。对此模式，可否把每次爆炸的原始火球看作为一个原始白洞，而它是上一次坍缩过程的终止黑洞瞬即转化来的。起始点和终止点就是这白洞和黑洞的中心奇点。”这段论述包含了深刻的辩证逻辑思想。

根据上述情况，可以得出以下结论：

第一，黑洞是宇宙间吸引的一种极端现象和形式，它的直接结果是“大坍缩”，与之相反，白洞则是宇宙间排斥的一种极端现象和形式，它的直接结果是“大爆炸”或“大膨胀”。两者缺一不可，紧密相连，相辅相成，相互转化，对立统一。

第二，黑洞与白洞是通过某种“极变机制”（虫眼机制等）相互转化的，由于这种相互转化的存在，使得量子阶梯中的所有物质现象得以产生、发展和消亡。在这个过程中，既没有一成不变的永恒事物，也没有只出现一次就永远绝灭的东西。产生了的东西会消亡，消亡了的东西又会产生，如此循环不止。

▼ 人类一点点认识宇宙中那些邻居

第三，黑洞与白洞的相互转化是宇宙演化最根本、最重要的动力根源。它们两者的存在和转化，是“吸引和排斥这一个古老的两极对立”的生动体现，是万物变化最深层次的总根源。

这种相互助转化的概念引出了另外一个让人兴奋的理论，就是在黑洞转化为白洞时，就会有一个巨大的时空隧道。而这也是下一节要谈到的问题。

要彻底弄清楚黑洞和白洞的奥秘，现在还为时过早。但是，科学家们每前进一点，所取得的成绩都让人激动不已。我们相信，打开宇宙之谜大门的钥匙就藏在黑洞和白洞神秘的身后。

▼ 通过多维管道也许可以实现黑洞与白洞的穿越

# 4.2 虫洞

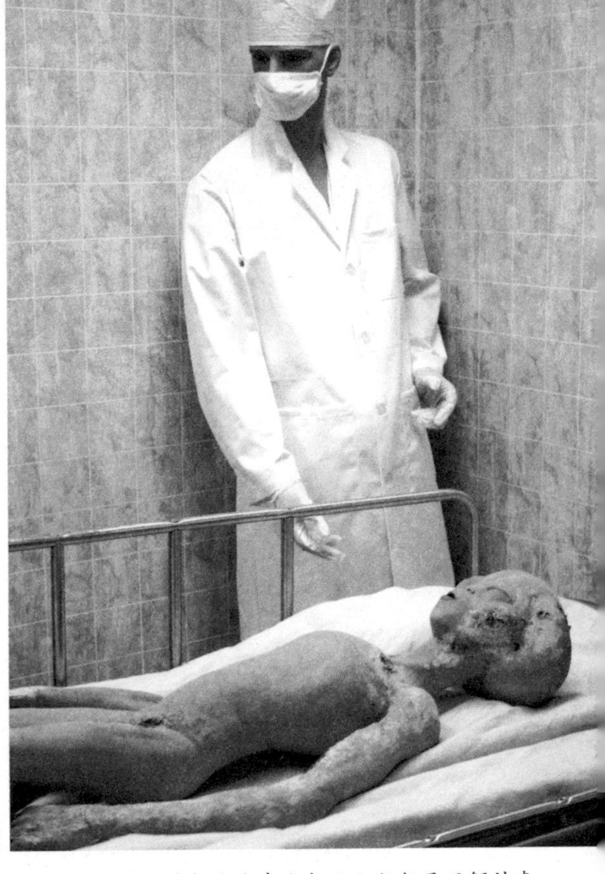

▲ 正是一些地外智能生命激起了人们想要了解神奇宇宙的兴趣

## 引言

由阿尔伯特·爱因斯坦提出该理论。简单地说，“虫洞”就是连接宇宙遥远区域间的时空细管。暗物质维持着虫洞出口的敞开。虫洞可以把平行宇宙和婴儿宇宙连接起来，并提供时间旅行的可能性。虫洞也可能是连接黑洞和白洞的时空隧道，所以也叫“灰道”。

## 概念的提出

虫洞的概念最初产生于对史瓦西解的研究中。物理学家在分析白洞解的时候，通过一个阿尔伯特·爱因斯坦的思想实验，发现宇宙时空自身可以不是平坦的。如果恒星形成了黑洞，那么时空在史瓦西半径，也就是视界的地方与原来的时空垂直。在不平坦的宇宙时空中，这种结构就意味着黑洞视界内的部分会与宇宙的另一个部分相结合，然后在那里产生一个洞。这个洞可以是黑洞，也可以是白洞。而这个弯曲的视界，就叫作史瓦西喉，它就是一种特定的虫洞。

自从在史瓦西解中发现了虫洞，物理学家们就开始对虫洞的性质发生了兴趣。

虫洞连接黑洞和白洞，在黑洞与白洞之间传送物质。在这里，虫洞成为一个阿尔伯特·爱因斯坦–罗森桥，物质在黑洞的奇点处被完全瓦解为基本粒子，然后通过这个虫洞（即阿尔伯特·爱因斯坦–罗森桥）被传送到白洞并且被辐射出去。

虫洞还可以在宇宙的正常时空中显现，成为一个突然出现的超时空管道。

目前我们对黑洞、白洞和虫洞的本质了解还很少，它们还是神秘的东西，很多问题仍需要进一步探讨。目前天文学家已经间接地找到了黑洞，但白洞、虫洞并未真正发现，还只是一个经常出现在科幻作品中的理论名词。

虫洞也是霍金构想的宇宙期存在的一种极细微的洞穴。

▲ 人类一直想找到穿越各个时空的一个通道

美国科学家对此做了深入的研究。目前的宇宙中，“宇宙项”几乎为零。所谓的宇宙项又称为“真空的能量”，在没有物质的空间中，能量也同样存在其内部，这是由爱因斯坦所导入的。宇宙初期的膨胀宇宙，宇宙项是必需的，而且，在基本粒子论里，也认为真空中的能量是自然呈现的。那么，为何目前宇宙的宇宙项变为零呢？柯尔曼说明：在爆炸以前的初期宇宙中，虫洞连接着很多的宇宙，很巧妙地将宇宙项的大小调整为零。结果，由一个宇宙可能产生另一个宇宙，而且，宇宙中也有可能有无数个这种微细的洞穴，它们可通往一个宇宙的过去及未来，或其他的宇宙。

我们看到电影中出现了轻松的时空穿越，但要想实际做到是不可能的。因为贯穿虫洞的辐射（来自附近的恒星，宇宙的微波背景等等）将蓝移到非常高的频率。当你试着穿越虫洞时，你将被这些 X 射线和 $\gamma$ 射线烤焦。虫洞的出现，几乎可以说是和黑洞同时的。

## 关于虫洞的相关理论

虫洞有几种说法：

一是空间中的隧道，它就像一个球，你要是沿球面走就远了。但如果你走的是球里的一条直径就近了，虫洞就是直径。

二是黑洞与白洞的联系。黑洞可以产生一个势阱，白洞则可以产生一个反势阱。宇宙是三维的，将势阱看作第四维，那么虫洞就是连接势阱和反势阱的第五维。假如画出宇宙、势阱、反势阱和虫洞的图像，它就像一个克莱因瓶——瓶口是黑洞，瓶身和瓶颈的交界处是白洞，瓶颈是虫洞。

三是时间隧道，根据爱因斯坦所说的你可以进行时间旅行，但你只能看，就像看电影，却无法改变发生的事情，因为时间是线性的，事件就是一个个珠子已经穿好，你无法改变珠子也无法调动顺序。

到现在为止，我们讨论的都是普通“完美”黑洞。细节上，我们讨论的黑洞都不旋转也没有电荷。如果我们考虑黑洞旋转同时 / 或者带有电荷，事情会变得更复杂。

白洞有可能离黑洞十分远，实际上它甚至有可能在一个“不同的宇宙”——那就是，一个时空区域，除了虫洞本身，完全和我们在的区域没有连接。一个位置方便的虫洞会给我们一个方便和快捷的方法去旅行很长一段距离，甚至旅行到另一个宇宙。或许虫洞的出口停在过去，这样你可以通过它而逆着时间旅行。总的来说，它们听起来很酷。

但在你认定那个理论正确而打算去寻找它们之前，你应该知道两件事。首先，虫洞几乎不存在。正如我们上面我们说到白洞时，只因为它们是方程组有效的数学解并不表明它们在自然中存在。特别地，当黑洞由普通物质坍塌形成（包括我们认为存在的所有黑洞）并不会形成虫洞。如果你掉进其中的一个，你并不会从什么地方跳出来。你会撞到奇点，那是你唯一可去的地方。

还有，即使形成了一个虫洞，它也被认为是不稳定的。即使是很小的扰动（包括你尝试穿过它的扰动）都会导致它坍塌。

在史瓦西发现了史瓦西黑洞以后，理论物理学家们对爱因斯坦常方程的史瓦西解进行了几乎半个世纪的探索。包括上面说过的克尔解、雷斯勒、诺斯特朗姆解以及后来的纽曼解，都是围绕史瓦西的解研究出来的成果。

虫洞在史瓦西解中第一次出现，是当物理学家们想到了白洞的时候。他们通过一个爱因斯坦的思想实验，发现时空可以不是平坦的，而是弯曲的。在这种情况下，我们会十分惊奇地发现，如果恒星形成了黑洞，那么时空在史瓦西半径，也就是视界的地方是与原来的时空完全垂直的。在不是平坦的宇宙时空中，这种结构就以为着黑洞的视界内的部分会与宇宙的另一个部分相结合，然后在那里产生一个洞。

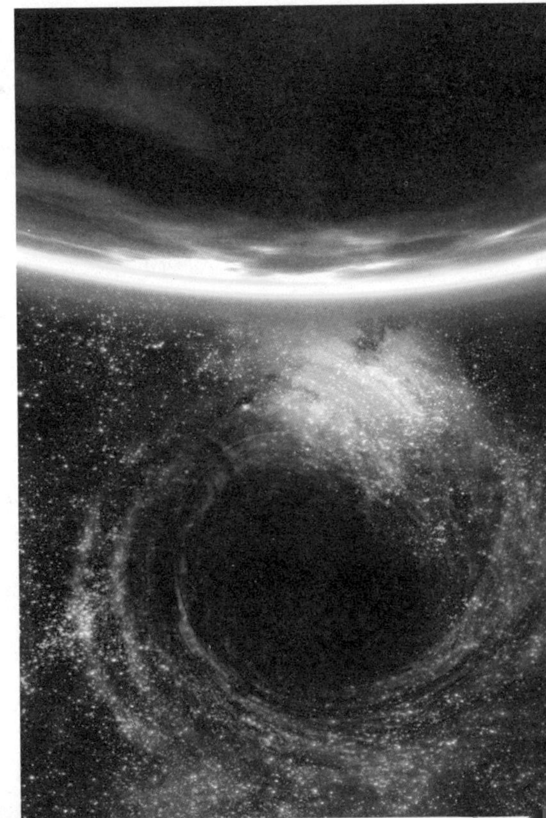

▶ 当你想要穿越时空时，就一定要想到黑洞强大的撕扯力

这个洞可以是黑洞，也可以是白洞。而这个弯曲的视界，叫史瓦西喉，也就是一种特定的虫洞。

自从在史瓦西解中发现了虫洞，物理学家们就开始对虫洞的性质感到好奇。

我们先来看一个虫洞的经典作用：连接黑洞和白洞，成为一个爱因斯坦－罗森桥，将物质在黑洞的奇点处被完全瓦解为基本粒子，然后通过这个虫洞（即爱因斯坦－罗森桥）被传送到这个白洞的所在，并且被辐射出去。

黑洞和黑洞之间也可以通过虫洞连接，当然，这种连接无论是如何的将强，它还是仅仅是一个连通的“宇宙监狱”。

虫洞不仅可以作为一个连接洞的工具，它还在宇宙的正常时空中出现，成为一个突然出现在宇宙中的超空间管道。

虫洞没有视界，它有的仅仅是一个和外界的分解面。虫洞通过这个分解面和超空间连接，但是在这里时空曲率不是无限大。就好比在一个在平面中一条曲线和另一条曲线相切，在虫洞的问题中，它就好比是一个四维管道和一个三维的空间相切，在这里时空曲率不是无限大。因而我们现在可以安全地通过虫洞，而不被巨大的引力所摧毁。

## 克莱因瓶

三维空间中的克莱因瓶数学领域中，克莱因瓶是指一种无定向性的平面，比如二维平面，就没有“内部”和“外部”之分。克莱因瓶最初的概念提出是由德国数学家菲利克斯·克莱因提出的。克莱因瓶和莫比乌斯带非常相像。克莱因瓶的结构非常简单，一个瓶子底部有一个洞，现在延长瓶子的颈部，并且扭曲地进入瓶子内部，然后和底部的洞相连接。和我们平时用来喝水的杯子不一样，这个物体没有“边”，它的表面不会终结。它也不类似于气球 ，一只苍蝇可以从瓶子的内部直接飞到外部而不用穿过表面（所以说它没有内外部之分）。

## 虫洞性质

利用相对论在不考虑一些量子效应和除引力以外的任何能量的时候，我们得到了一些十分简单、基本的关于虫洞的描述。这些描述十分重要，但是由于我们研究的重点是黑洞，而不是宇宙中的洞，因此我在这里只简单介绍一下虫洞的性质，而对于一些相关的理论以及这些理论的描述，这里先不涉及。

虫洞有些什么性质呢？最主要的一个，是相对论中描述的，用来作为宇宙中的高速火车。但是，虫洞的第二个重要的性质，也就是量子理论告诉我们的东西又明确地告诉我们：虫洞不可能成为一个宇宙的高速火车。虫洞的存在，依赖于一种奇异的性质和物质，而这种奇异的性质，就是负能量。只有负能量才可以维持虫洞的存在，保持虫洞与外界时空的分解面持续打开。当然，狄拉克在芬克尔斯坦参照系

▼ 如果人类能找到那神秘的虫洞，也就征服的宇宙

的基础上，发现了参照系的选择可以帮助我们更容易或者难地来分析物理问题。同样地，负能量在狄拉克的另一个参照系中，是非常容易实现的，因为能量的表现形式和观测物体的速度有关。这个结论在膜规范理论中同样起到了十分重要的作用。根据参照系的不同，负能量是十分容易实现的。在物体以近光速接近虫洞的时候，在虫洞的周围的能量自然就成了负的。因而以接近光速的速度可以进入虫洞，而速度离光速太大，那么物体是无论如何也不可能进入虫洞的。这个也就是虫洞的特殊性质之一。

# 4.3 天体物理学

## 引言

天体物理学是目前最前沿的科学，是了解宇宙过去与未来的科学，同时也是了解人类命运的科学，它不仅让我们知道地球的寿命，更让我们知道今天的天气状况，最重要的是一门学科的出现会让人类的生活不再乏味。

天体物理学是研究宇宙的物理学，这包括星体的物理性质（光度，密度，温度，化学成分等）和星体与星体彼此之间的相互作用。应用物理理论与方法，天体物理学探讨恒星结构、恒星演化、太阳系的起源和许多跟宇宙学相关的问题。由于天体物理学是一门很广泛的学问，天文物理学家通常应用很多不同的学术领域，包括力

▼ 如果人类能找到那神秘的虫洞，也就征服的宇宙

学、电磁学、统计力学、量子力学、相对论、粒子物理学等。由于近代跨学科的发展，与化学、生物、历史、计算机、工程、古生物学、考古学、气象学等学科的混合，天体物理学目前大小分支为300～500门主要专业分支，成为物理学当中最前沿的庞大领导学科，是引领近代科学及科技重大发展的前导科学，同时也是历史最悠久的古老传统科学。

天体物理实验数据大多数是依赖观测电磁辐射获得。比较冷的星体，像星际物质或星际云会发射无线电波。大爆炸后，经过红移，遗留下来的微波，称为宇宙微波背景辐射。研究这些微波需要非常大的无线电望远镜。

太空探索大大地扩展了天文学的疆界。由于地球大气层的干扰，红外线、紫外线、γ射线和X射线天文学必须使用人造卫星在地球大气层外做观测实验。

光学天文学通常使用加装电荷耦合元件和光谱仪的望远镜来做观测。由于大气层会干涉观测数据的品质，还必须配备调适光学系统，或使用太空望远镜，才能得到最优良的影像。在这频域里，恒星的可见度非常高。借着观测化学频谱，可以分析恒星、星系和星云的化学成分。

理论天体物理学家的工具包括分析模型和计算机模拟。天文过程的分析模型时常能使学者更深刻地理解内中奥妙；计算机模拟可以显现出一些非常复杂的现象或效应。大爆炸模型的两个理论栋梁是广义相对论和宇宙学原理。由于太初核合成理论的成功和宇宙微波背景辐射实验证实，科学家确定大爆炸模型是正确无误。最近，学者又创立了ΛCDM模型来解释宇宙的演化，这模型涵盖了宇宙膨胀、暗能量、暗物质等概念。